JN173033

ツシマヤマネコ飼育員物語

動物園から野生復帰をめざして

キム・ファン
Kim Hwang

くもん出版

ツシマヤマネコ飼育員物語

目次

7 新しい命

ツシマヤマネコ飼育員物語

1 絶滅の危機にあるツシマヤマネコ

新人ヤマネコ飼育員

ここは京都市にある京都市動物園です。東京都にある上野動物園が日本ではじめてつくられ、その次にできました。一九〇三年に開園した、長い歴史がある動物園です。

ここには、世界三大珍獣といわれているジャイアントパンダやオカピ、コビトカバはいません。しかしゾウも、ゴリラもキリンも、かれら本来の姿が見られるようにうまく工夫された園内で、生き生きと暮らしています。

そして、なによりもこの動物園には、日本でもっとも絶滅が心配されているほ乳類、ツシマヤマネコが飼育されているのです。

現在、ツシマヤマネコは三十五頭が、全国の九つの動物園

ツシマヤマネコが飼育されている施設

富山市ファミリーパーク
名古屋市東山動植物園
京都市動物園
福岡市動物園
対馬野生生物保護センター
盛岡市動物公園
井の頭自然文化園
よこはま動物園ズーラシア
沖縄こどもの国
西海国立公園九十九島動植物園 森きらら

と対馬野生生物保護センターの、十の施設だけで飼育されています。そしてここ、京都市動物園でツシマヤマネコの担当飼育員になったのが高木直子さんです。高木さんは、もう二十年以上もこの動物園で働いています。

二〇一四年六月のことでした。高木さんは、それまで十二年も続けていたキリンの担当を卒業し、新しくツシマヤマネコの担当になりました。

動物園には、正面エントランスと東エントランスというふたつの出入り口があります。正面エントランスの近くには、ツシマヤマネコの「ミヤコ」がいます。

ミヤコは、二〇〇二年に福岡市動物園で生まれた「繁殖担当」のヤマネコでした。繁殖とは、子どもを産み育てることです。いまはもう、繁殖事業から引退しています。二〇一二年に展示されるために京都にやってきて、のんびりと余生をすごしています。

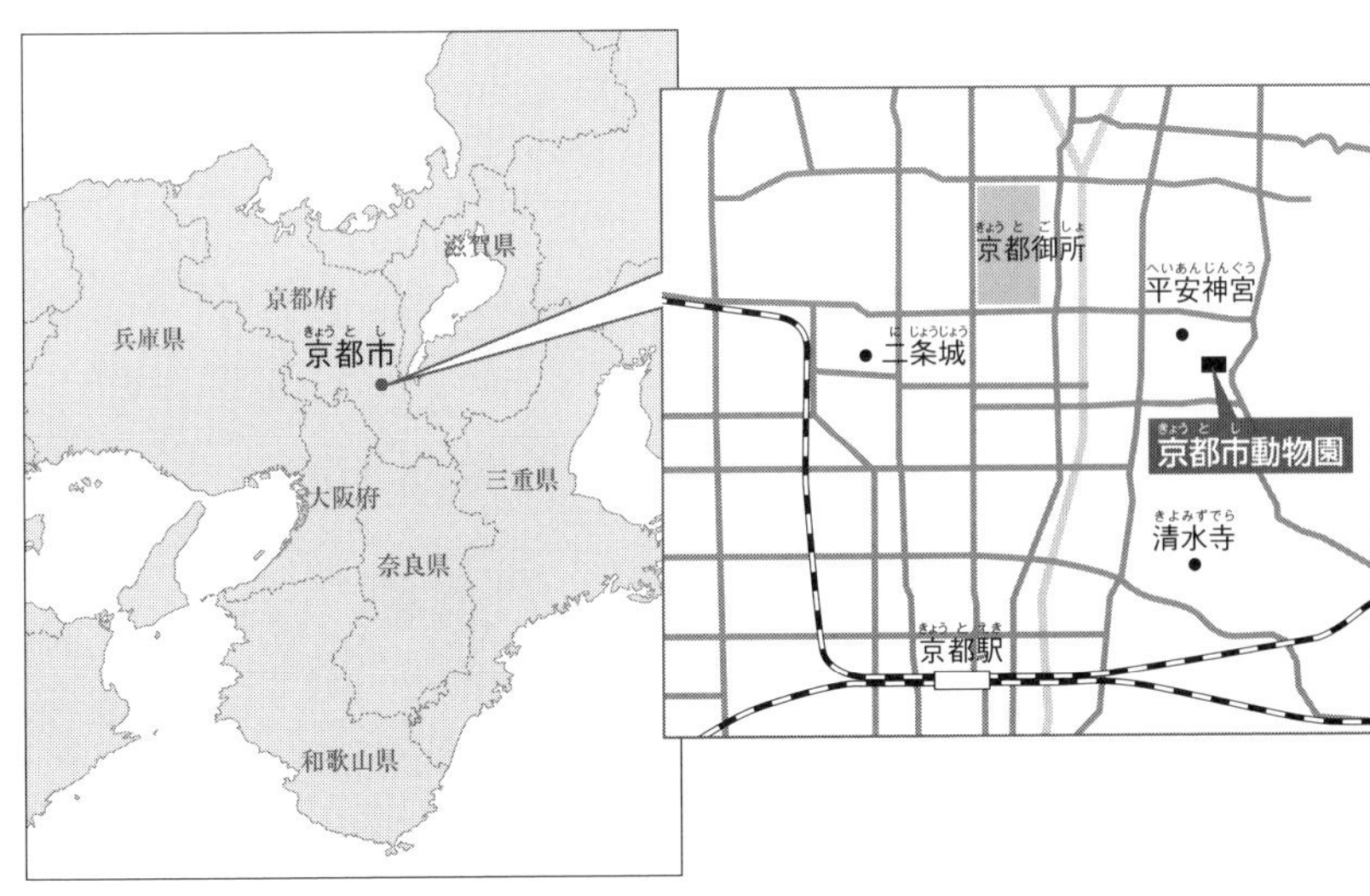

「きょうからわたし、ヤマネコの担当なのね」

そういうと高木さんは、ミヤコのほうではなく、東エントランスへと向かいました。エントランスの近くにある木のとびらをギギィと開いて中に入ると、内側からかぎをかけ、お客さんやほかの飼育員が入れないようにしました。

「うあーっ！　こんなにりっぱな施設なんだ。わたし、ここでヤマネコの繁殖に取りくむんだ」

京都市動物園は、ツシマヤマネコ繁殖事業に参加することが決まると、「ツシマヤマネコ繁殖棟」を建設しました。絶滅のおそれのあるツシマヤマネコの子どもを誕生させるための専用施設、それが繁殖棟です。

「それにしても静かね。非公開だって、頭ではわかっているけど……。お客さんがいないと、なんかへんだわ」

繁殖棟が非公開なのは、警戒心の強いヤマネコが、お客さんに見られることでストレスを感じ、繁殖がうまくいかなくなることをさけるためです。動物園の飼育員や獣医師でも、かってに入ることは許されていません。高木さんも、ツシマヤマネコの担当になったので、この日、はじめて入ることができたのでした。

高木さんは繁殖棟の中をゆっくりと見わたすと、キリン担当のときにも使っていたトレーニング用のホイッスルを、ピッと吹いてみました。

「……」

しかし、その音にこたえるものはいませんでした。とうぜんです。繁殖棟が完成してからもう一年になろうとしているのに、ここにいなくてはいけない繁殖担当のヤマネコが、まだ来ていなかったからです。

高木さんがヤマネコの担当になって半年がすぎた、十二月のある日のこと。坂本英房副園長に呼びだされました。ふだんから笑顔の副園長が、いつもと変わらぬ笑顔でいいました。

「高木さん、福岡市動物園と九十九島動植物園に行ってきなさい。ヤマネコの飼育施設を見学して、うちに来る子ネコたちにも会ってきなさい」

「はい！　わかりました。わたし、行きたかったんです。たくさん、学んできます！」

高木さんも、にっこりとほほえみました。

ツシマヤマネコを復活させよう

高木さんが担当することになったツシマヤマネコとは、いったいどのような生きものなのでしょう

飼育員の高木さんと副園長の坂本さん。木のとびらの奥が非公開のヤマネコ繁殖棟（写真／著者）

か？

　ツシマヤマネコは、長崎県の対馬にだけ生息する小型のネコ科動物です。

　対馬は日本でいちばん西北にある、韓国との国境の島。南北約八十二キロ、東西約十八キロと南北に細長い島で、その九割が山地です。九州までの距離が約百三十五キロなのに、韓国までは約五十キロ。日本よりも、韓国に近いのです。よく晴れた日には、韓国第二の都市であるプサンの高層ビルも見えます。

　ツシマヤマネコは日本が大陸と陸続きだった、いまから約十万年前の氷河期に朝鮮半島からわたってきたと考えられています。氷河期が終わって地球が暖かくなると、海面が高くなったので、対馬は大陸や九州からへだてられました。

　日本には、ヤマネコがもう一種類います。沖縄県西表島に生息する、特別天然記念物のイリオモテヤマネコです。どちらのヤマネコも、東南アジアから中国、朝鮮半島、アムール川流域にかけて広く分布するベンガルヤマネコのなかまです。

　ツシマヤマネコはかつて、対馬全域に広く分布していました。ところが、最近の調査では生息数が百頭、ほかの計算方法では

七十頭と推定されています。もしかすると、生息数が百頭ほどだといわれているイリオモテヤマネコよりも少ないかもしれないのです。

一九七一年には国の天然記念物に指定され、保護されるようになりました。もちろん、環境省がつくっている「レッドデータブック」では、〔絶滅危惧ⅠA〕。イリオモテヤマネコと同じく、絶滅の危険がもっとも高いとされています。

「レッドデータブック」は、国際的な自然保護団体である国際自然保護連合がつくっている「絶滅のおそれのある生きもののリスト」を手本に、世界各国でつくられています。約五十年も前につくられたときの表紙が赤かったので、「レッド（赤）データブック」とよばれるようになりました。

ツシマヤマネコはこのままにしておくと、絶滅してしまう可能性が高いです。そこで一九九五年に環境省（当時は環境庁）は保護するための計画を立て、一九九六年に福岡市動物園でツシマヤ

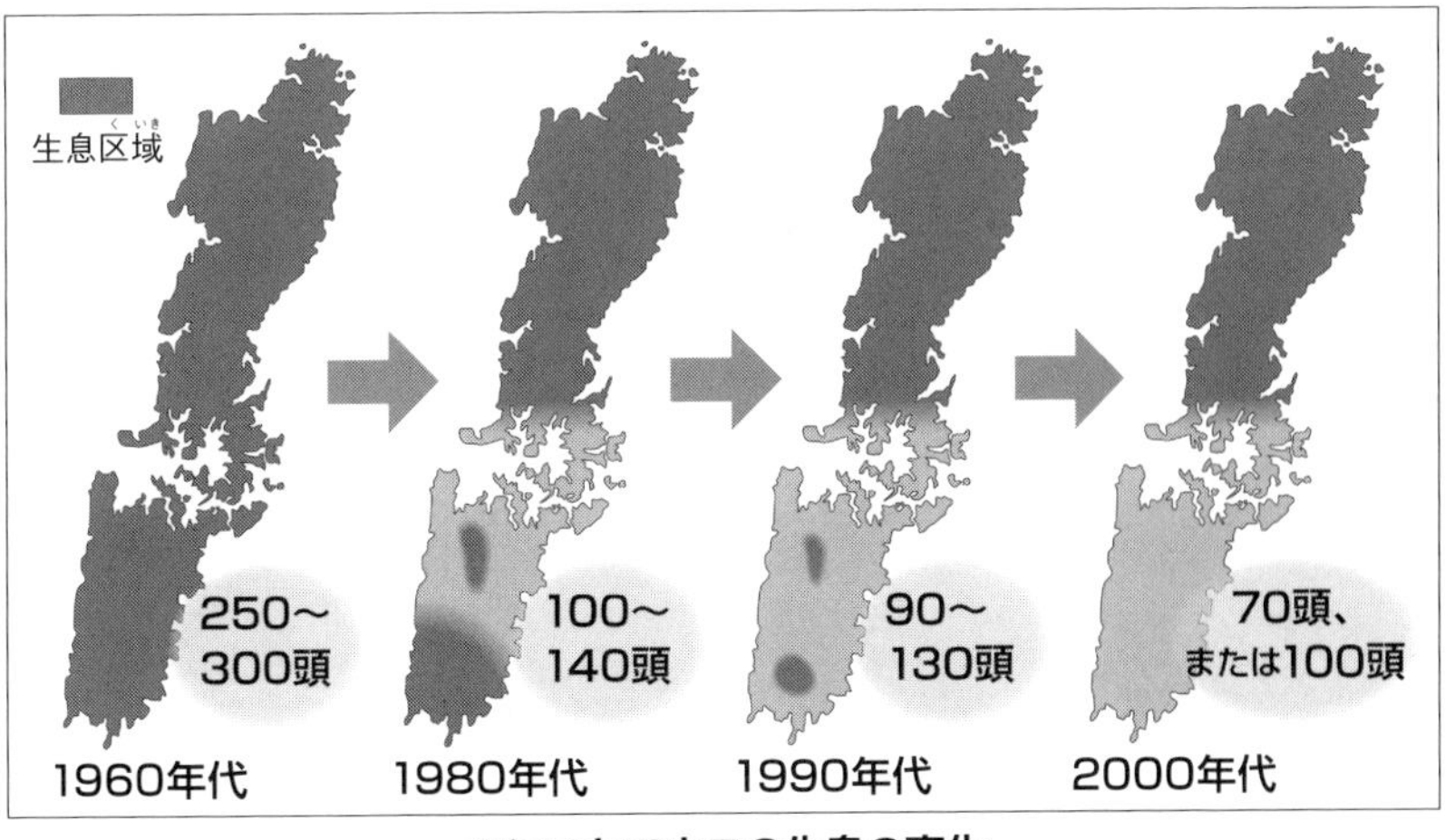

ツシマヤマネコの生息の変化

マネコの飼育が開始されました。二〇〇〇年にははじめて、子どもが誕生し、ここはヤマネコ飼育の先がけの動物園になりました。

福岡での繁殖がうまく進んだこともあり、環境省は二〇〇四年に、「ツシマヤマネコ再導入基本構想」という、野生復帰事業をおこなうことを発表しました。

この事業をわかりやすくいうと、動物園でツシマヤマネコを飼育してふやし、野生でも生きていけるように訓練したあと、対馬の自然に放すというものです。

対馬は、「上島」と「下島」のふたつの島からなっています。ところが、むかしはひとつの島でした。一九〇〇年に当時の日本海軍が、いまは万関橋がかかっているあたりを掘って、船が通れる水道をつくったことで、ふたつに分割されたのです。

最近、下島ではヤマネコがほとんど見られません。だから、上島のヤマネコがこれ以上減らないようにしっかりと守るい

2016年に飼育20周年をむかえた福岡市動物園。対馬市からおくられた感謝状（写真／福岡市動物園）

っぽうで、動物園でふやしたヤマネコを下島に放そうというのです。

これまでも、世界の多くの国ぐにで、もといた地域から消えた動物を人が育ててふやし、野生に放した例が二百例以上もあるといいます。ところが成功したといえるのは、アメリカのカリフォルニアコンドルやオオカミ、アラビア半島のアラビアオリックス、ブラジルの熱帯雨林にすむゴールデンライオンタマリンというサルなど、ほんのわずかです。そして多くが、人の住んでいないところでおこなわれました。

日本では、一度絶滅したコウノトリとトキを人が育ててふやし、人が暮らしている人里で野生に復帰させることに成功していますが、どちらも鳥です。

ツシマヤマネコの野生復帰事業は、ほ乳類では日本初の取りくみです。もし成功したなら、「人里でおこなわれた、はじめてのほ乳類の野生復帰事業」として、世界的な注目を集めることでしょう。

ヤマネコを対馬の自然に返すには、たくさんの頭数が必要です。

また、生きものをひとつの施設だけでたくさん飼育することには、リスクをともないます。予期せぬ集団感染や災害で、一度に多くが死んでしまうことがあるからです。移動して、分散させる必要もありました。

そこで、国内の数多くの動物園や水族館が所属している「日本動物園水族館協会」が事業の実現に向けて全面的に協力し、全国の九つの動物園で飼育することになりました。

二〇一四年には、長崎県佐世保市にある九十九島動植物園でも、子ネコが誕生しました。福岡に次ぎ、二番目の成功です。このふたつの園は対馬に近いこともあり、「第一拠点」と位置づけられました。

その後、高木さんが勤める京都市動物園と、愛知県名古屋市の東山動植物園が「第二拠点」に選ばれ、第一拠点と第二拠点の四園に繁殖可能なヤマネコを移動させたりして、優先的に集められるようになったのです。

高木さんはツシマヤマネコを動物園で飼育してふやすという、国からの重要な任務をまかされています。高木さんが誕生させたヤマネコが対馬で訓練を受け、やがて自然に放されるかもしれません。

ヤマネコ飼育先がけの動物園

二〇一四年も押しせまった十二月の末でした。朝早く京都を出発した高木さんは、先に長崎県佐世保市にある九十九島動植物園に行きました。そして次の日に、福岡県福岡市にある福岡市動物園を訪れました。

「うわぁー、すごい！」

福岡のヤマネコ展示施設は京都よりも大きく、重厚なつくりでした。高木さんはひと目で、福岡がどれほどツシマヤマネコを大切に思い、一生懸命飼育してきたかがわかりました。

「永尾さん、おひさしぶりです。来たくて、来たくてたまらなかった福岡に、やっと来られました！」

永尾英史さんは、二〇〇四年からツシマヤマネコを担当しています。高木さんが訪ねた二〇一四年には、すでに十年もの経験を積みあげていました。新人の高木さんからすると、まるで〝先生〟のような存在で、以前から電話やメールなどで永尾さんのアドバイスをもらっていました。

「わたしもお待ちしていましたよ。遠くからおつかれさまです。さあ、どうぞ」

高木さんは、非公開の繁殖棟へと案内されました。そこでは、もうひとりの担当飼育員の河野美和さんが作業をしていました。河野さんはキリンの担当もしています。だから、やはりキリンを担当していたことがある高木さんとは、以前からの知りあいでした。

ツシマヤマネコの飼育施設には、ねぐらの役割をする巣箱が置いてある部屋だけでなく、かならずグラウンドがあります。グラウンドには、木登りができる木や机のような高めの台、身をかくすためのかくれ場、それに小さなプールもあります。

ヤマネコは単独行動する動物です。子ネコのうちは母ネコや兄弟姉妹となかよく、いっしょに暮らしていますが、生まれて五か月から六か月ごろになると相手を攻撃するようになります。なわばり意識などが生まれてくるからです。

体は小さくても、ヤマネコは猛獣です。攻撃されたヤマネコが死んでしまったりすると、数が少ないだけにたいへんです。そこで、部屋とグラウンドがセットになったひとつの区画に一頭ずつ入れて飼育します。

「さすがですね。ひとつの区画が、京都のふたつ分よりも広いです。きょうは、子ネコの『同居』も見られるので、ラッキーです」

同居とは、ふだんは一頭ずつで飼育しているヤマネコを、同じ場所に入れていっしょにすることをいいます。

「そうなんですよ。いい日に来られましたね」

高木さんが訪ねたときには、この年に福岡で生まれたメスの姉妹と、九十九島ではじめて生まれたオスの兄弟の、合わせて四頭が集められていました。京都と東山のそれぞれに、オスとメスを一頭ずつ移動させる予定です。

ツシマヤマネコは、ほかのヤマネコのことをよく覚えています。幼いうちから同居させ、おたがいに記憶させておけば、ペアにしたときに起きることがある攻撃を少なくできるかもしれません。こうして、子ネコのうちから同居させる試みがはじめられたのです。

一頭でいたクールな子

高木さんは、永尾さんに連れられて詰所に入りました。そこには、大きなモニターがありました。

警戒心が強いヤマネコは人が見ていると、かくれて出てこなかったり、えさを食べなかったり、繁殖行動をしなかったり、攻撃的になったりします。それでは、自然な行動を観察できません。そこで全国のヤマネコ繁殖施設ではカメラを設置して、モニターで生活を見守っています。

画面には、ひとつのグラウンドに姉妹の子ネコが、もうひとつに兄弟がいるようすが映しだされていました。

「こちらが、福岡で生まれた『マユ』と『メイ』。河野がつけた名前でしてね。そちらが、九十九島で生まれた『マナブ』と『リョウ』です。どうです? かわいいでしょ!」

「はい、かわいいですね。きのう、マナブとリョウが生まれた九十九島にも行ってきました」

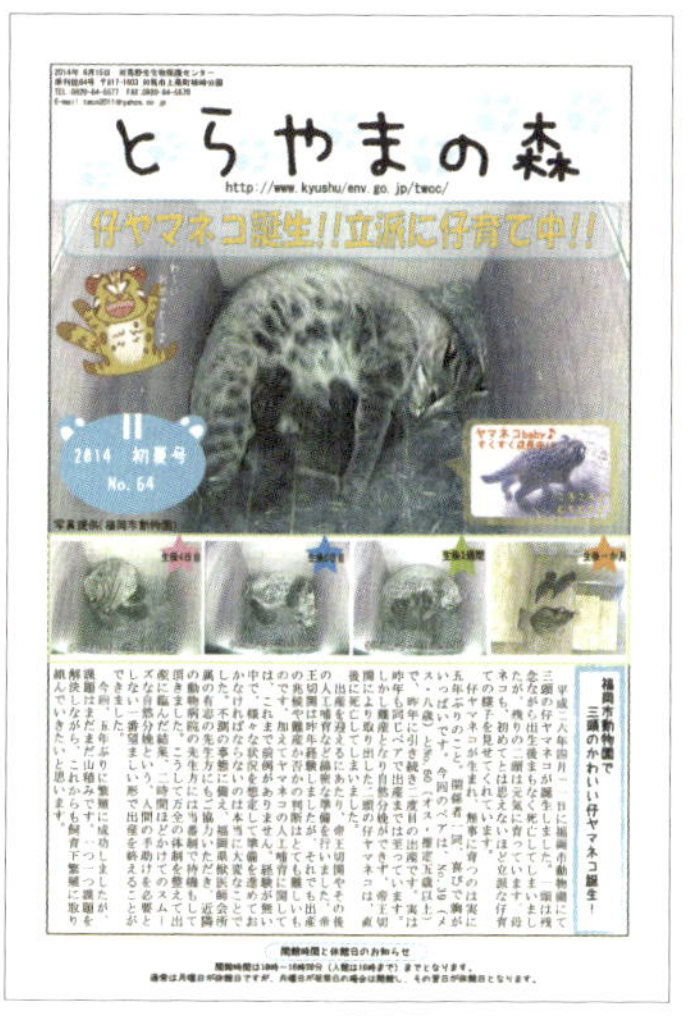
とらやまの森
http://www.kyushu/env.go.jp/twcc/
仔ヤマネコ誕生!!立派に仔育て中!!
2014 初夏号
No.64
福岡市動物園で三頭のかわいい仔ヤマネコ誕生!

5年ぶりの子ネコの誕生（マユとメイ）を伝えた、対馬野生生物保護センターのニュースレター「とらやまの森」
（写真／環境省対馬野生生物保護センター）

生まれて40日たったメイ（奥）とマユ（写真／福岡市動物園）

これまで福岡で生まれた子ネコはみな、親のどちらか、または両方が野生でとらえられたヤマネコでした。いっぽう、マナブとリョウは、動物園で生まれ育った両親から生まれ、そのうえ無事に育ったはじめての子ネコです。

マユとメイの名づけ親の河野さんがいいました。

「メイとマユは、福岡で五年ぶりに生まれ育ったんですよ」

永尾さんもモニターに映っている子ネコたちを愛おしそうに見ながら、しみじみといいました。

「やっとですよ。生まれてくれて、ほっとしています。じつは去年も、同じペアで出産までこぎつけたんですよ。ところが、なかなか生まれてくれなくてね。しかたなく、手術でおなかを開いて赤ちゃんを取りだしたのですが、助からなくて……。今年はどうなるかとドキドキしましたが、自然分娩ですっと生まれてくれて、ほんとよかった。うれしかったです！」

「たいへんでしたね」

「いやー、長かったです。生まれても、育たないことがけっこうありましたからね。それでよけいに、かわいいのかもしれませんね。それでは、この子たちを同居させてみましょうかね。どんな行動をするのか、わたしも楽しみです」

「はい」

高木さんたちは詰所を出て、ろうかに向かいました。グラウンドとろうかをへだてているとびらには四角いガラス窓がついていて、それ越しに観察するのです。高木さんがヤマネコの同居を見るのは、はじめてのことでした。

永尾さんは、グラウンドの中へと入っていきました。

(あの子たち、どうするんだろう?)

高木さんはグラウンドを見ることに集中しました。

ギギギギー。

にぶい音をひびかせながら、ふたつのグラウンドのあいだにある大きなとびらがゆっくりと開きました。永尾さんはいそいでグラウンドから出ると、ろうかへもどってきました。

子ネコたちは、それまで自分たちがいたグラウンドでじっとしています。あたりを注意深く見わたして、なにが起こったのかをたしかめているようでした。

「おっ、動きだしましたね!」

しばらくして、子ネコたちに変化があらわれはじめました。高木さんはさらにガラス窓に近づき、そのようすをしっかりと観察しました。

子ネコたちはみんなそろって、ふたつのグラウンドをあっちに行ったり、こっちに行ったりしたあと、やがて三頭がいっしょになって遊びはじめました。でも、もう一頭はそこにくわわりません。

「永尾さん、あの子は？　木の箱の上に一頭でのっている、あの子は？」

「えーとですね。あれは、メイですね」

（メイちゃんか。なんか、大人びている感じ。子どものくせに、子どもらしくないわ。たぶん知らない子が来たんで、ちょっと距離を置いてようすを見ているのね。クールな子なんだ）

　高木さんには、メイのことが強く印象に残りました。


　帰りぎわ、永尾さんは静かにいいました。

「やっと生まれてくれたマユとメイですからね。京都と東山に移動してしまうのは、少しさみしい気がします。でも、とにかく元気な赤ちゃんを産んでもらいたいです」

「は、はい。大事に育てます。かならず、赤ちゃんも……」

　高木さんは、永尾さんにそう約束しました。第一拠点のふたつの動物園を見学した高木さんは、自分たちの第二拠

メイ。お気に入りの箱の上（写真／福岡市動物園）

点も、第一拠点のように繁殖を成功させねばと強く思いながら福岡をあとにしました。

京都にもどると、子ネコたちの受けいれ準備をもう一度、一からしっかりと確認しました。繁殖棟のグラウンドや部屋に、だれも気づいていないすき間はないか？　となりのグラウンドに行き来できるようにつくられたとびらは、ちゃんと、ろうかから開けたり閉めたりできるか？　それぞれのグラウンドへと行ける、「キャットウォーク」とよばれるわたりろうかの網は、しっかりとはられているか？

何度も、何度も確認しました。

京都市動物園の繁殖棟は、繁殖の成功を見越して、十区画もつくられてい

上から見た繁殖棟のつくり

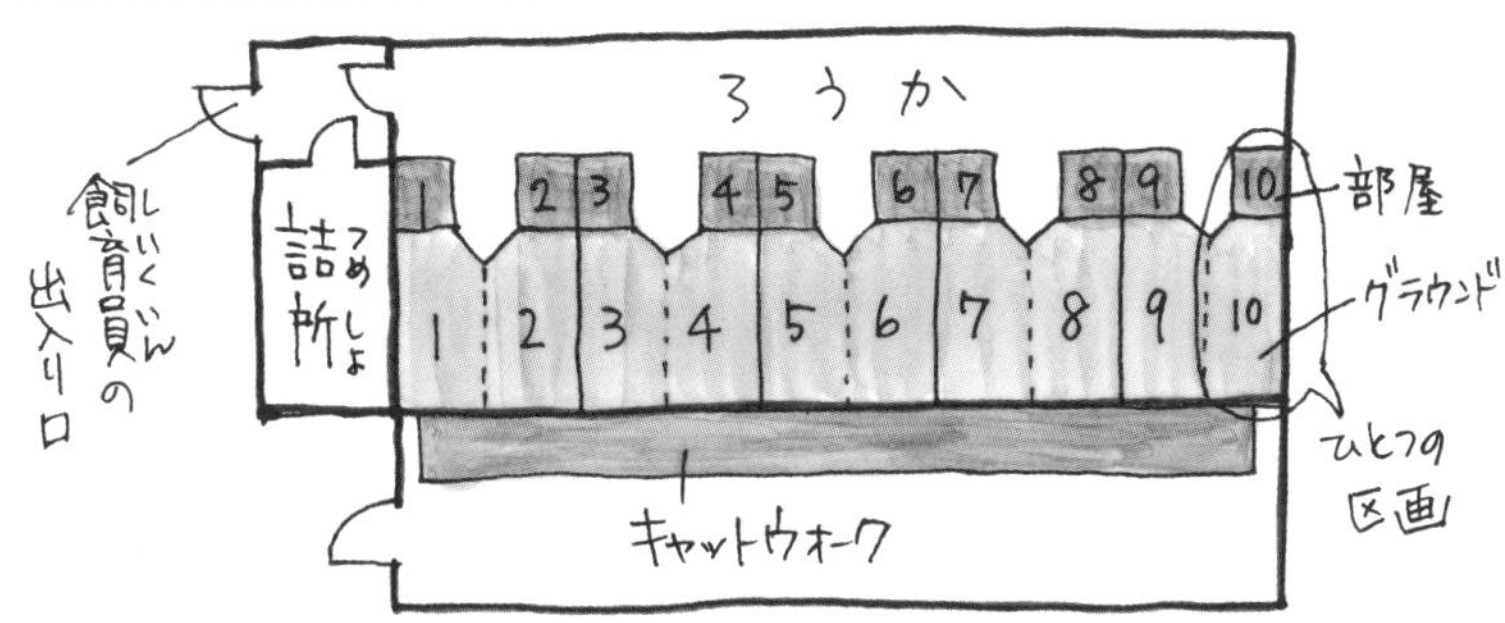

ひとつの区画はこうなっている

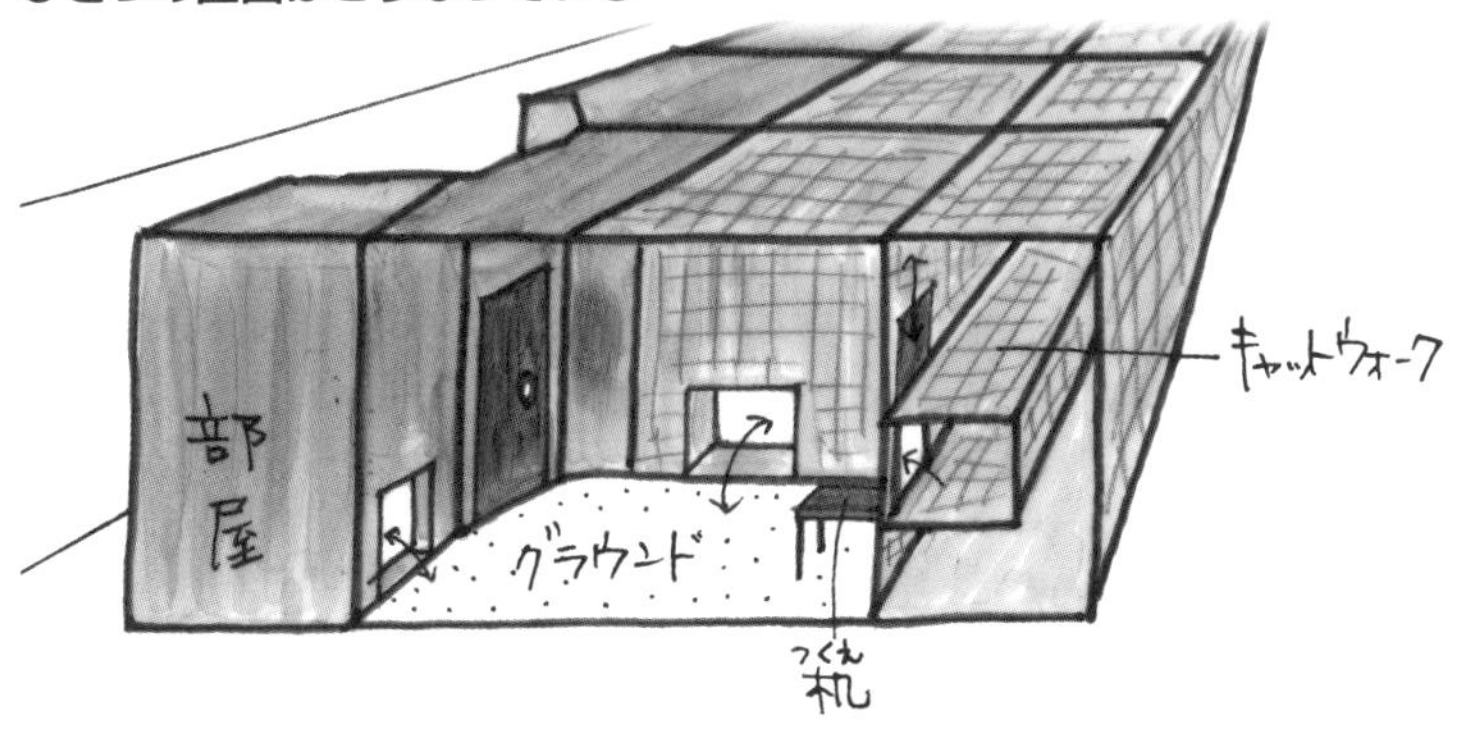

ます。東西に長いろうかを歩きながら、高木さんはしんけんに悩みました。

「どの区画に入れるのが、もっともいいのかしら？　一番区画は、わたしが使う詰所のとなりだから、音が気になるかもしれない。反対に、遠いとすぐにかけつけられないし……。よし、決めた！　三番と四番にしよう」

高木さんはすでに一番と二番の区画につけられていた監視カメラを、無理をいって三番と四番の区画につけかえてもらいました。

これでいちおう、準備はすべて整いました。あとは子ネコが、京都にやってくるのを待つだけです。

2　やってきた子ネコたち

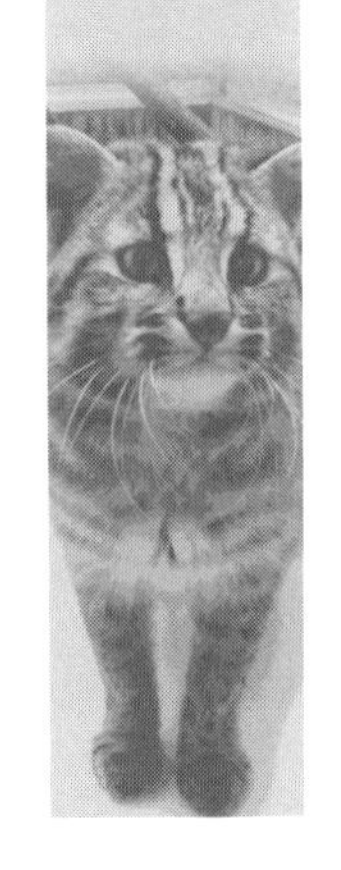

強い警戒心

年が明けて二〇一五年になるとすぐに、環境省からヤマネコの移動に関するメールが届きました。高木さんは、そのメールを受けとった長尾充徳係長に呼びだされていました。

じつは京都市動物園にも、漢字はちがいますが、福岡市動物園と同じ〝ながお〟さんがいるのです。

「えっ？　十五日に来るんですか！　やばい、もうすぐだ。あと十日しかない！」

環境省からの連絡内容を聞いた高木さんは、思わず大きな声を出してしまいました。

子ネコをむかえる準備は、とっくに整っています。けれども、実際にヤマネコの来る日が正式に決まると、なにかまだ、やり残していることがあるかもしれない……。そんな不安が心をよぎりました。

そして、気になってしかたなかったあのことを、まよわずたずねました。

「で、長尾係長。どの子が来るんですか？」

長尾さんはめがねの位置を少しずらしながら、もう一度、メールを読みなおしました。

「なになに、うちに来るのはだな……。個体番号六十六番のメスのメイと、六十七番のオスのマナブだって」

「メイ？　あぁ、クールなほうのメスだ！　そうかぁ、メイちゃんなんだ。あの子がうちに来るんだ！　オスは、マナブになったのね」

高木さんの頭の中に、一頭で木の箱の上にのっていたメイの姿がはっきりとうかびました。

一月十五日。ついに、その日が来ました。子ネコたちは飛行機で大阪国際空港に着き、そこからは車でやってきます。昼ごろには、動物園に着くでしょう。

動物の輸送では、キャリーケージの中で暴れてけがをしたり、輸送中のストレスや脱水が原因で衰弱したりして、最悪の場合には死亡することもあります。着いてから、無事な姿を見るまでは心配です。

「高木さん、高木さん。高速道路の京都東インターチェンジをおりたと、いま連絡がありました」

園内の職員同士が連絡を取りあうトランシーバーから、そう聞こえてきました。

「了解です！」

（いよいよね。どうか無事に、健康な状態で到着してよ）

と、高木さんは心の中で祈りました。

動物園の飼育員には、メインで担当する動物だけでなく、サブで担当する動物もいます。だから、ヤマネコをメインで担当する高木さんのほかに、ヤマネコがサブの飼育員もいるのです。高木さんと長尾さん、サブの飼育員は東エントランスから外に出て、子ネコの到着を、いまかいまかと待ちました。

ほどなく動物輸送の専門業者が、東エントランス前に車を止めました。ユニフォーム姿の男性は車からおりると、段ボールが巻かれたふたつのキャリーケージをトランクからおろしました。ここに子ネコたちが入っているのです。

「おつかれさまでした。ここで、もらいますので」

非公開のヤマネコ繁殖棟には、許された人しか入れません。ふたつのケージを受けとると、高木さんたちとサブの飼育員とで、ひとつずつ運びました。

キャリーケージに巻かれた段ボールをよく見ると、「66♀」、「67♂」という個体番号のほかに、「よろしくお願い致します」とマジックペンで書かれていました。福岡市動物園の河野さんが、子ネコたちのことを思って書いたのです。

福岡で五年ぶりに生まれ、育ったメイ。

福岡に次いで二番目、九十九島動植物園ではじめて生まれ、育ったマナブ。

永尾さんや河野さん、そして全国のヤマネコ飼育員たちのたいへんな苦労の末に誕生した大事な、そ

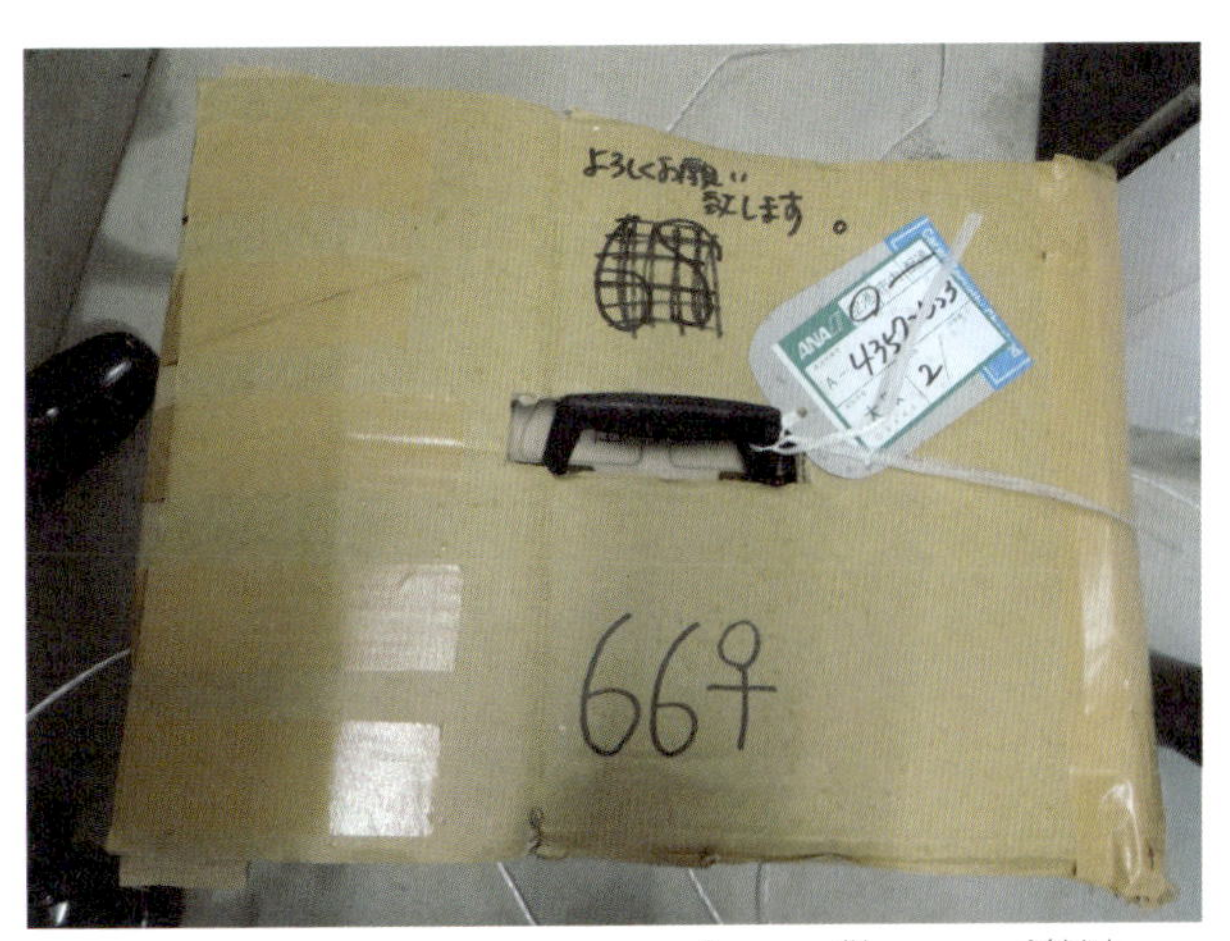

子ネコが運ばれてきたキャリーケージに巻かれた段ボール。福岡市動物園からの手書きのメッセージも見える（写真／京都市動物園）

れは大事な子ネコたち……。その重みを感じながら、しんちょうに運びました。

繁殖棟に着くと、巻かれていた段ボールをいそいではずし、キャリーケージの中をのぞきこみました。

「だいじょうぶです！　元気です！」

高木さんは声をはずませました。

「よかった。じゃあ、入れるぞ。とびらを開けよう」

長尾さんの指示に従い、高木さんたちはマナブを三番区画に、メイは四番区画に無事に入れることができました。

夕方になると、小雨がふってきました。新しい施設に入れられ、警戒している子ネコたちは、雨にぬれながらもグラウンドのすみでかたまっています。

「あなたたち、おなかがすいているでしょう」

京都市動物園ではミヤコに、ニワトリの頭と胸肉、馬肉、アジ、ドライフードなどのほかに、生きたハツカネズミやヒヨコをあたえていました。生きたえさをつかまえることで、野生の本能を忘れないようにするためです。

高木さんは子ネコたちがいるグラウンドに、えさが入ったステンレスのバットを置きました。長旅でおなかがすいているはずなのに、マナブはあわてて部屋の中の箱にもぐりこんでしまい、まったく出てくる気配がありません。

メイはグラウンドで身をふせて、きばを見せつけるように口を半開きにしたまま、声を出さずにほえていました。ツシマヤマネコは、あまり鳴かないのです。

　けっきょく、高木さんが仕事を終えて帰るまで、メイもマナブもえさを食べませんでした。

　次の日の朝。高木さんはまっ先に、きのうのえさがどうなったのかを繁殖棟の詰所にあるモニターで確認しました。

「よかった。夜のうちに食べてくれたのね。待ってて。いま、新しいのをあげるから」

　えさをあげようとして高木さんがグラウンドに入ると、

　シャー

　とメイが、背中を丸めて体を大きく見せ、うなるようにほえて威嚇します。威嚇するときには、声を出すのです。マナブも、まるで〝ふせ!〟をするかのように、体を低くしています。

「とうぜんだよね。人間だって、突然、知らないところに連れてこられたら、こわいもん。いいよ、いいよ。ゆっくりでいいよ。自分たちのペースでなれていこうね」

　高木さんがグラウンドから出ていくと、すぐにえさを食べはじめました。

「ヤマネコって、ほんとうに警戒心が強いのね。まずは、ここの暮らしになれてもらって、『ハズバンダリートレーニング』はそれからだわ」

人になれさせる飼育方法

子ネコたちがやってきて二週間がたち、二月になりました。子ネコたちはじょじょに、高木さんたちになれはじめました。見られていても、えさを食べられるようになったのです。

「ねぇねえ、メイちゃん。どこに持っていくのよ。ここで食べればいいじゃない」

とはいえ、メイはえさをくわえて奥へともっていき、食べるのです。まだ、高木さんの目の前では食べてくれません。

ヤマネコの飼育方法ですが、最近になって大きく変えられました。

ツシマヤマネコがはじめて動物園で飼育されたのは一九九六年、福岡市動物園でのことです。いつか対馬の自然に返すのが目的だから、かんたんにはなれないとはいっても、もし人になれてしまったら、人をたよるようになります。それでは、野生で生きていくことができません。

だから飼育員たちは、できるかぎりヤマネコと会わないようにしました。「人目をさける飼育方法」です。

それがよいと思ってやったのですが、たまに飼育員を見るととてもこわがり、つねに人の影におびえて、びくびくしながら暮らすようになってしまいました。これでは、ヤマネコの健康によくありません。繁殖にもよくない影響が出てくることがわかってきました。

そこで大転換して、いまは「人になれさせる飼育方法」へと変えられたのです。

メイとマナブがやってきて、ひと月。この日はまだ二月の半ばなのに、春のような暖かい日でした。

グラウンドの地面のくぼみが目立ってきたので、高木さんは新しい砂を入れてやりました。繁殖棟に子ネコたちがやってきて、はじめての砂入れです。

砂を入れおわり、高木さんがいなくなると、すぐにマナブがグラウンドにやってきて、ごろりと寝ころびました。

ヤマネコは用心深く、人が見ていると警戒して、寝ようとはしません。寝ているときでも、人の気配を感じると、すぐに起きてしまいます。ましてや、人が見ている前で寝ころぶことなどは、けっしてないのです。急所である、やわらかいおなかを敵に見せないためです。

モニターを見ていた高木さんは、マナブを見て笑いました。

(ヤマネコなのに、まるでイエネコね。しかも、うちで飼っているネコよりも、まだ小さいし)

するとメイも、マナブのグラウンドにやってきて、ごろりごろりと寝ころびました。

福岡市動物園では、メイとマナブをほかの二頭ともいっしょに同居させる試みが続けられました。そのあいだじゅう、相性がよく、攻撃しあうこともなかったので、京都に来てからも積極的に、メイとマナブを同居させていたのです。

（メイちゃんも、来たっ！　ふふふ、やっぱりあなたもネコね。自分のにおいがついてないといやなのね）

ネコ科の動物は、自分が暮らしているところに自分のにおいがないと落ちつきません。新しい砂に自分のにおいをつけようとして、やってきたのでした。

「うぁーっ、なんて、きれいなおなか！」

高木さんがはじめて見たヤマネコのおなかの毛は、体よりもずいぶん白っぽいものでした。そのおかげで、体の斑点がまるでうきあがっているように見えます。

モニター越しでしたが、高木さんたちははじめて、メイとマナブのリラックスした姿を見たのでした。

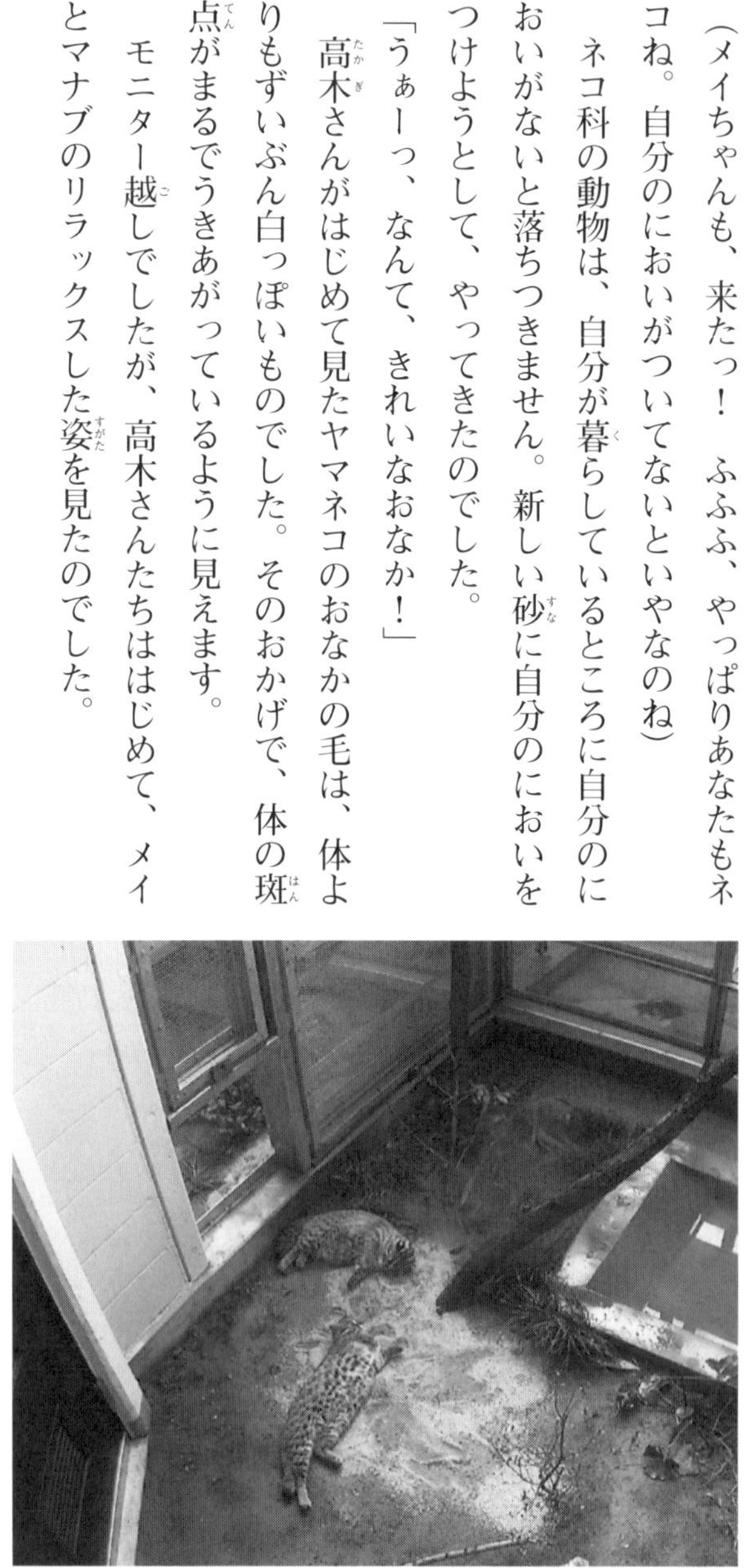

新しい砂に自分のにおいをつけるメイ（手前）とマナブ
（写真／京都市動物園）

「ここの暮らしにもなれてきたみたいだから、体重測定からやってみようか」

朝のえさの時間に、高木さんは体重計をかかえて四番区画のグラウンドに入りました。

「これは体重計だよ。これからしょっちゅう見るようになるから、早くなれようね」

高木さんからえさがもらえるとわかっているメイが、すすっと近づいてきました。けれども一定の距離をたもち、それ以上は近づこうとしません。

「メイちゃん。きょうはね、ここにえさを置くわよ。こわくないからね。のってよ」

高木さんは、えさが入ったステンレスバットを体重計の上に置くと、さっとグラウンドから立ちさりました。

メイは、はじめて見る体重計に警戒していましたが、えさが食べたい気持ちのほうがまさったのでしょう。片足ずつしんちょうに足をのせていき、はかりの上にのってえさを食べました。

夕方のえさの時間では、メイは高木さんが見ている前でもこわがらず、はかりの上にのってえさを食べてくれました。

「初日から体重計にのれるなんて！　メイちゃんはおりこうね」

ばっちり、メイの体重測定ができました。なんでもないことのような体重測定も、飼育員が見ている前でも平気でえさが食べられるようになったからこそ、できるのです。

ところがマナブは、そうはいきませんでした。

「マナブ、そのまま後ろ足ものせるの。こわくない、こわくないって。あぁ～。あと、もう少しなのに……。いいわ。こっちでえさあげようね。体重計をそのままにしておくから、遊びながらなれるのよ」

マナブはえさがほしいくせに、はかりにのろうとはしません。

次の日はサブの飼育員が、マナブの体重測定に挑戦しました。朝のえさの時間ではできなかったけれど、夕方のえさの時間にはのれるようになったと、連絡用の日誌に報告されていました。

「うわっ！　マナブものれるようになったんだ！　これでマナブの体重を、ちゃんと管理していけるわ。マナブは食いしん坊だから」

そう。マナブは、なんでもよく食べました。えさのメニューは毎日変わりますが、いちばん好きなのはネズミ。その次が馬肉です。アジはあまり好きではないようで、いつも最後に食べますが、残すことはありません。

トレーニング開始

三月になり、だんだん春らしい日もふえてきました。

ヤマネコは小さくても、猛獣です。するどいきばでかまれると、けがをしてしまいます。高木さんは皮の手ぶくろをはめ、長ぐつをはいて三番区画のグラウンドに入りました。

「いい？　きょうから『ハズバンダリートレーニング』の開始よ。でも、そんなことまだ、できっこな

ようやく体重計にのったマナブ（写真／京都市動物園）

いから、基礎のトレーニングからはじめるね」

ピッとホイッスルを鳴らすと、高木さんはステンレスのバットにえさをひとつずつ、テンポよく入れていきました。

あれれっ？　なんで、いちいち音が鳴るんだろう？

マナブは少し音に関心をもったようでしたが、これがトレーニングのはじまりだとも知らずに、好きな馬肉を飲みこんでいました。

ハズバンダリートレーニングは、受診動作訓練ともいいます。体を診察するときに、動物に協力してもらうためのトレーニングです。高木さんが担当していたキリンの場合で説明しましょう。

キリンは足のひづめが原因で、命を落とすことがあります。なぜかというと、のびたひづめのせいで、歩きかたがおかしくなって転倒したり、体に負担がかかったりしてしまうからです。アフリカの草原でえさを求めて一日じゅう歩きまわっているときには、ひづめはどんどんすり減ります。ところがせまい動物園では、ひづめがすり減るスピードより、のびるスピードが速いことが原因のひとつです。

ひづめをけずってあげると防げますが、なかなかけずらせてはくれません。麻酔をかければいいのではと思うでしょうが、キリンのような大きい動物が相手ではたいへんです。転倒する危険もあります。

そんなときに、キリンがみずから片足を一歩前に出し、じっとしてくれたら、どんなにいいでしょう。

血液を調べるときもそうです。採血しやすい姿勢でじっとしてくれたら、キリンにとっても獣医さんにとってもよいことです。そのためには、訓練が必要なのです。

キリンで、トレーニングの流れを紹介しましょう。

トレーニングでよく使われるのが、「ターゲット棒」と「ホイッスル」です。ターゲット棒は指示棒の役割をする道具、ホイッスルは動物が指示どおりの行動をしたときに、「よくできたね。オッケーだよ」と音で知らせる笛です。イヌのしつけなどに使うクリッカーやイヌ笛など、音が出ればなんでもかまいません。

飼育員や獣医師がターゲット棒を持って、キリンが足でタッチするのを待ちます。うまくできると、「よくできたね。これで終わりだよ」とホイッスルをピッと鳴らして伝えます。そして、ごほうびにえさをあたえるのです。

「よくできたね」と言葉でいっても、人によって声がちがうので動物は混乱してしまいます。いつでも同じ音にす

キリンにおこなっていたハズバンダリートレーニング。
高木さんが右手に持っているのがターゲット棒
（写真／京都市動物園）

るため、ホイッスルなどの道具を使うのです。

これをくりかえしていけば、やがて、みずから進んで片足を一歩前に出して、じっとしてくれるようになります。

動物は、えさをもらいたい。それをうまく利用して、検査や治療がしたい飼育員や獣医師に協力してもらう。それがハズバンダリートレーニングなのです。

高木さんは一日も早く、ヤマネコのハズバンダリートレーニングをはじめたいと思っていました。そのためには、かれらとの距離をもっと縮めなくてはいけません。

基礎のトレーニングをはじめてから、数日がすぎました。

「もう、ホイッスルを聞くだけで、えさが出てくるとわかったようね。そろそろ、次のステップね。トングから直接、えさが食べられるようにしなくっちゃ」

ヤマネコの体にふれたら、できものやきずなどをすぐに見つけることができます。でも警戒心が強いヤマネコは、かんたんにそうさせてくれません。まずは、トングから直接えさがもらえるほどの距離まで、人が近づいてもだいじょうぶになってもらう必要があるのです。

ところが、これはなかなかむずかしいことなのです。イエネコでも警戒心が強いタイプなら、飼い主の手でも、その上にのせられたえさを食べてくれません。

高木さんは、片手にえさの入ったステンレスバットを、もういっぽうの手にはトングを持ち、口にはホイッスルをくわえ、四番区画のメイのグラウンドに入りました。メイの視線に合わせて、低くしゃがみます。もうなれたもので、メイはにげずにえさを待っています。

高木さんはトングで、肉のかたまりをひとつ、つかみました。肉を見たメイが、許してもよいぎりぎりの距離まで近づいてきて、すわります。

(もしかしたら、きょう、できるかもしれないわ)

ピッ。高木さんはホイッスルを鳴らして、トングでつかんだ肉をメイの目の前にさしだしました。でもメイは、トングの肉をじっと見つめるだけで、食べようとはしません。

(えさだよ。さぁ、お食べ。いつもの肉だよ。ほらっ)

高木さんはえさをゆらゆらゆらして、メイの気を引こうとしました。すると逆に、メイはじりじりと、あとずさりをはじめたのです。

(だいじょうぶだって。いつもの肉だって)

こんどは高木さんがトングを持って、じわりじわり、前につめよります。これ以上だと、にげる。そう思った高木さんは、足を止めました。

(トングなんて、いつも見ているじゃない。こわくないじゃん)

それでもメイはがんとして、トングの肉を食べようとはしません。

（うーん。しかたないわね。きょうは、わたしの前にすわってくれただけでオッケーよ）

ピッ。ホイッスルを鳴らし、肉を投げました。肉が地面に落ちると、メイはまっしぐらに走っていって食べました。

（ほらねっ、いつもの肉でしょ。さぁ、もう一回やるよ。こんどはトングから食べてね）

メイと高木さんとのあいだの距離は、以前とはくらべものにならないくらい近づきました。でも、ハズバンダリートレーニングをはじめるには、まだもう少し時間が必要でした。

イエネコとのちがいは？

ヤマネコのことをもっと知ってもらうために、イエネコとのちがいについて説明しましょう。

みなさんの近くにいる飼いネコは、ヤマネコと区別するために「イエネコ」といいます。イエネコの祖先は、西アジアやアフリカ北部に広く生息しているリビアヤマネコで、人に飼いならされてイエネコになったと考えられています。

イエネコとツシマヤマネコでは、体の特徴や行動にどのようなちがいがあるのでしょう。

まずは、体の特徴です。ツシマヤマネコの頭胴長、尾をのぞいた体の長さは四十九センチから六十一センチ。体重は二・八キロから四キロ。見た目はイエネコとほとんど変わりませんが、次のようなポイントで見分けます。

☆**虎耳状斑**

耳の裏にある白い斑点。「トラの耳のような斑点」という意味ですが、トラだけでなくライオンやヒョウにもあります。イエネコにはありません。

☆**耳の形**

ツシマヤマネコの耳は全体的に小さくて、先が丸いです。イエネコの耳は大きくて、先がとがっています。

☆**胴長で短足**

イエネコよりも胴が長く、足も短めです。

☆**赤ちゃんの数**

ツシマヤマネコが一回に産む赤ちゃんは、一頭から三頭と考えられています。イエネコは、一頭から六頭生まれます。

☆**乳首の数**

生まれる赤ちゃんの数が多いほど、乳首の数は多くなります。ツシマヤマネコは二対から三対（四個から六個）、イエネコは三対から四対（六個から八個）です。

☆**ひたいのしま**

ツシマヤマネコのひたいには黒と白の太いしまがあり、頭の後ろまで続いています。イエネコは、頭の後ろまでありません。

☆はっきりしない斑点

ツシマヤマネコの毛柄は、はっきりしない斑点です。これは、森林の中で景色にとけこむ役割をしています。イエネコの「キジトラ」の毛柄は、一見するとツシマヤマネコに似ています。でもそれは、「しま」なのです。

☆しっぽ

ツシマヤマネコのしっぽはイエネコよりも太くて長く、二十センチから二十七センチもあります。

行動のちがいは、どうでしょう。

☆ニャーとは鳴かない

そもそも、ツシマヤマネコはあまり鳴きませんが、状況しだいでいろいろな声で鳴きます。でも、イエネコのように「ニャー」とは鳴かないのです。

☆人にすりよらない

イエネコとツシマヤマネコ、ここがちがう！

イエネコのように人にあまえたり、なにかをねだったりすることはありません。

☆水をこわがらない

イエネコは体に水がかかることをいやがりますが、ツシマヤマネコでは平気なネコが多いようです。暑い日などは積極的に水の中に入って、体を冷やします。

☆動物園ではプールがトイレ？

イエネコは砂(すな)の上でうんちをして、砂をかけてかくします。だから、「ネコ砂」がトイレです。動物園にいるツシマヤマネコは、水辺ですることが多いようです。グラウンドのプールは、トイレでもあるのです。

メイの初恋(はつこい)？

園内にたくさん植えてあるさくらが咲(さ)いて四月になり、おおぜいのお客さんが押(お)しよせてきました。

「ラオスからやってきた子ゾウたちの撮影(さつえい)イベント、きょうからだっけ？　あしたから春の夜間開園もはじまるので、みんないそがしそうね」

高木(たかぎ)さんは、ばたばたとかけまわっているなかまを見ながら、ひとりごとをいいました。そういう高木さんも、ツシマヤマネコのほかにもメインで担当(たんとう)している動物があり、いそがしくしていました。

それは、イチモンジタナゴという魚です。タナゴの一種であるイチモンジタナゴは、かつては琵琶湖(びわこ)

淀川水系でふつうに見られる魚でした。いまではほとんど見られなくなってしまい、「レッドデータブック」では、〔絶滅危惧ⅠA〕です。

ところが、動物園の近くにある平安神宮の池で生息していることがわかり、動物園でも飼育することになりました。ふやして野生へ返そうと計画されています。

そのイチモンジタナゴが、ちょうど繁殖シーズンです。高木さんは正面エントランスの近くにあるタナゴの繁殖水槽と、東エントランスのそばにあるヤマネコ繁殖棟とのあいだを、一日に何度も行ったり来たりしていました。

イチモンジタナゴ。京都府の「レッドデータブック」では、〔絶滅寸前種〕です（写真／京都市動物園）

ヤマネコ繁殖棟では、トングから直接えさが食べられるようにする基礎トレーニングが続いていました。覚えの早いメイは、すでにできるようになっていました。

えさの入ったステンレスバットを片手に、もういっぽうの手にトングを持って、口にはホイッスルをくわえた高木さんが、三番区画のマナブのグラウンドに入りました。えさをあたえながらのトレーニングは、かならず一頭ごとにおこないます。

「さぁ、おいで、マナブ。きょうもトレーニングするわよ」

ピッ。音とえさを結びつけるために、ホイッスルを鳴らしました。

マナブは高木さんの顔を見上げて、じっとしています。高木さんはトングでえさの肉をつまみ、マナブの目の前に持っていきました。

(好きでしょ、馬肉。トングはだいじょうぶ。気にしなくてもいいの。さぁ)

高木さんはそっと、もう少しだけ前に押しだしました。

ガブリ。ついにマナブも、トングから直接、えさを食べてくれました。

ピッ！　心地よい、ホイッスルの音がひびきます。

(やった！　食べられるじゃん。もうひとつ、いくよ！)

一度食べられるようになると、あんなにいやがっていたのがうそみたい。あっというまに、えさをたいらげました。

「トレーニングはもう終わり。お行き！　メイちゃんが待ってるよ」

高木さんが、三番区画と四番区画のグラウンドのあいだにあるとびらを、グラウンドの中から開きました。マナブが、メイのいる四番のグラウンドへと入っていきます。

「あらっ、メイちゃん。あなた、おこらないの？」

のぞいていた高木さんは、メイのグラウンドにある机を見ておどろきました。メイがすわっている机に、マナブが割りこむようにのっていたからです。

ヤマネコは、高いところから周囲を見わたすことができると安心します。だから、置かれた机の上によくのりますが、それほど広くありません。

「マナブ、メイちゃんはね、机の上にひとりでいるのが好きなのよ。あなたったら、じゃまして。あれれっ？　もしかすると、そうなの？」

マナブがごそごそっと腹ばいになったので、ますます机の上がせまくなってしまいました。それでもメイは、マナブにもたれるようにしてすわっています。

「そうなんだ。やっぱり！　メイちゃんは、マナブのことが好きなのね。はじめて好きになった相手かな？　メイの初恋、応援するわ。実らせようね！」

ここまで、ヤマネコを飼育する高木さんの仕事は順調でした。一歳のメイも、あと十か月くらいで大人になります。そうすれば、赤ちゃんを産むことが

机の上でなかよさそうにするマナブ（右）とメイ（写真／京都市動物園）

できるのです。

このまま、しばらくなかよくさせておけば、メイとマナブの赤ちゃんが生まれるにちがいない。高木さんは、疑いもしませんでした。

ところが……。

3 繁殖事業の大ピンチ

マナブがおかしい

繁殖棟のグラウンドに心地よい風が吹く、五月のことでした。高木さんはいつものように、ハズバンダリートレーニングをめざして、ターゲット棒を鼻でタッチする基礎のトレーニングを続けていました。

(マナブ、あなたもようやくわかってきたのね。そうそう、鼻にあてるのよ)

ピッ。静かなグラウンドに、ホイッスルの音がひびきます。

くりかえし、くりかえしトレーニングをしてきたかいもあり、マナブはターゲット棒に鼻をあてると、えさがもらえることに気づきはじめていました。

(うん。じょうず、じょうず。いいよ、あなたもメイちゃんのレベルにまでなったみたい！　ここまでできれば、基礎はもうじゅうぶんね)

高木さんは、おしまいのホイッスルを鳴らしました。そして、くわえていたホイッスルを口からはずすと、

「さぁ、あとはもう、自由にお食べ」

といって、残りのえさが入ったステンレスバットをマナブの目の前に置きました。

マナブはしばらく食べていましたが、どうしたことか、えさから離れて腹ばいになってしまいました。

「あれっ、マナブ？　あなた、どうかしたの？」

この日、マナブはアジを残したのです。

「おかしいわね？　食いしん坊のあなたがえさを残すなんて。アジが好きじゃないのは知ってるけれど……。こんなこと、いままでなかったわ……。ま、だれにだって調子がよくない日もあるもんね。きょうは、食べたくなかっただけだよね」

高木さんは自分を納得させるかのようにいうと、アジをかたづけました。

ところがマナブは、アジを残すことが多くなっていっただけでなく、ニワトリの頭も、二番目に好きな馬肉までも食べなくなったのです。


「おかしい。きっと、なにかわけがあるはずよ」

高木さんは、動物園のスタッフと相談しました。そこで決まったことは、マナブにえさを自由に食べさせてみてから判断する、ということでした。

「きょうは特別よ。トレーニングもお休み。獣医さんがね、ネズミを多くあげてもいいって。ここに置くよ。見て、見て、ネズミが動くわよ」

（お願い、食べて！　ぺろりと食べて、わたしたちを安心させて。もし食べないようだと……）

高木さんは首からさげたホイッスルを、ぎゅっと強くにぎりしめました。

ところが結果は、高木さんたちの願いどおりとはなりませんでした。とうとうマナブは、いちばん好きだった生きたハツカネズミにすら、まったく反応しなくなってしまったのです。結論が出ました。

「もう、だめだわ。すぐに入院させなきゃ」

マナブはその日のうちに、動物園の北のはしにある園内の病院に入院しました。

繁殖棟にもどると、メイがぽつんと机の上にのっていました。

「メイちゃん、ひとりじゃさみしいね。マナブ、早くもどるといいね」

精密検査

数日がたちました。この日も高木さんは、動物園内の病院にやってきました。

生きものはみな、食べないと死んでしまいます。食べられないなら、無理やり栄養を体に入れるしかありません。マナブは鼻の穴から食道までチューブを入れ、流動食を流しこんで命を

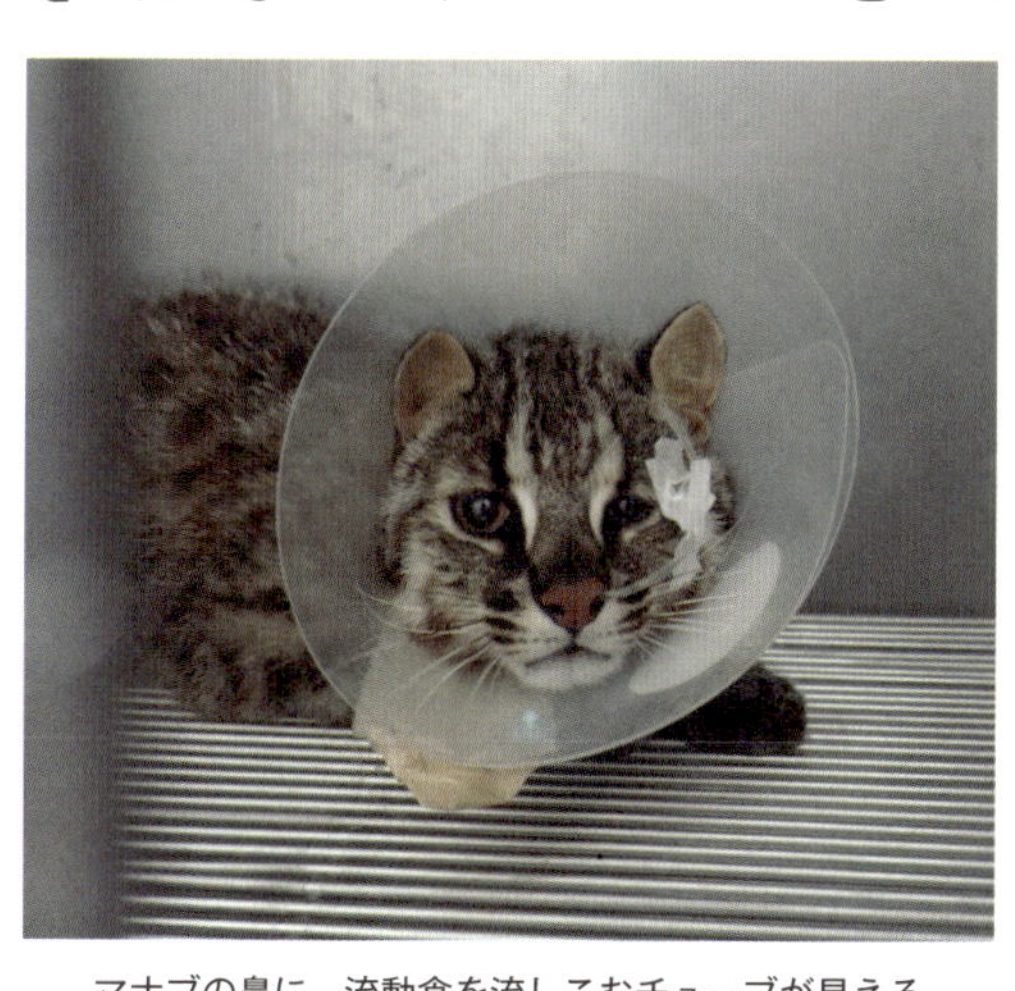

マナブの鼻に、流動食を流しこむチューブが見える
（写真／京都市動物園）

つないでいました。

　高木さんは、獣医師に声をかけました。京都市動物園には四名の獣医師がいて、動物ごとにメイン担当とサブ担当の獣医師が決まっています。繁殖棟のツシマヤマネコのメイン担当は塩田幸弘さん。年下なので、高木さんは親しみをこめて気軽に、塩ちゃんと呼んでいます。

「塩ちゃん。なにか、わかった？」

　塩田さんは深刻な顔で答えました。

「血液検査の結果が出ました。肝臓の数値がよくありません。重症です。どうしてよくないのか？　どこがよくないのか？　徹底的に調べる必要がありますね」

　高木さんは塩田さんの言葉にこくりと、ただ、うなずくだけでした。

　ついこのあいだまで、砂の上でごろりごろりと転がって遊び、メイとなかよく机の上にのっていて元気だったマナブ……。そのマナブが重症だといわれても、にわかには信じられません。

「とにかく、レントゲンを撮ってみましょう」

「そ、そうだよね」

　高木さんは、声をしぼりだすように答えました。

　ヤマネコのレントゲンを撮るには、ふつうはネットに入れて、三人がかりで動かないように押さえつけます。ところがこの日は、高木さんひとりでできてしまいました。それほど、マナブは弱っていたのです。

「だいじょうぶ、だいじょうぶ。すぐに終わるからね。悪いとこ、見つけようね」

高木さんが目で合図を送ると、

「はいっ、撮ります！」

と、塩田さんがいいました。

ビー、ビー、ビー

次つぎとボタンを押し、レントゲンを撮っていきました。

撮影は終わりました。高木さんはマナブを押さえる力をゆるめましたが、マナブはそのまま診察台でじっとしています。

（生きるのよ、マナブ！　いま、原因を探しているから）

高木さんはマナブをやさしく持ちあげて、キャリーケージの中にそっと入れました。

「高木さん、できました」

塩田さんが、モニターに映しだされた画像を見ています。

「塩ちゃん、どう？」

「……」

塩田さんはレントゲン画像をにらみつけたまま、なにもいいません。実際にはほんの短い時間でしたが、高木さんにはとても長い時間に感じられました。

やがて、塩田さんが小さな声でつぶやきました。

「おかしい……。心臓の形が、はっきりわからないんです……」

「ええっ？」

おどろいた高木さんも、食いいるように画像を見ました。

塩田さんは、モニターに映った臓器をひとつずつ、確認するかのように指さしました。

「ここが背骨、これが肺。正常なら、このあたりにくっきり見えるはずなんですが、そうじゃないということは……」

「えっ、いったいどういうこと？」

高木さんはモニターから目をはずし、塩田さんの顔を見つめました。

「ありえないくらいに心臓がふくらんで、大きくなってしまっているのかもしれませんね」

「心臓、肥大……？　まさか！　心臓だなんて……」

心臓と聞いて、高木さんは思わず、自分の胸に手をあてました。

でもまだ、心臓が悪いと断定されたわけではありません。園内の病院の検査機器では、調べるにも限界があります。もっとくわしく調べる必要がありました。

マナブはその後も園内の病院に入院しつづけ、CTスキャンがある京都市内の動物病院で、さらには大阪府立大学の動物病院でも精密検査を受けました。その結果、マナブは非常にまれな「先天性の三尖弁異形成」だと判明しました。

わかりやすくいうと、心臓の中にある三尖弁という弁に生まれつきの異常がある、ということです。弁とは、血液が逆流しないようについているものです。それがうまく働かなくて、マナブの心臓ではつねに血液が逆流してしまい、大きくふくらんでしまったのでした。

原因がはっきりするまでに、三か月もかかってしまいました。

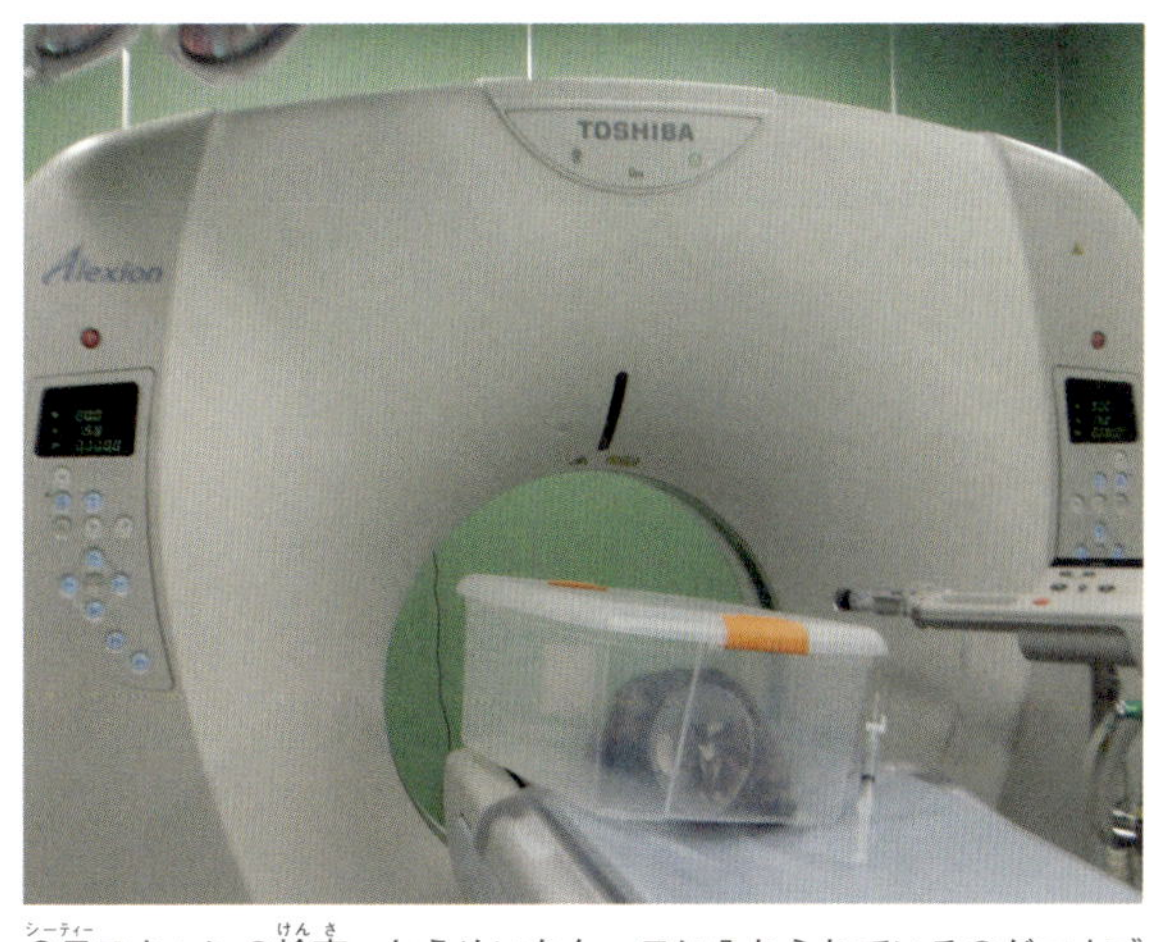

CTスキャンの検査。とうめいなケースに入れられているのがマナブ
（写真／京都市動物園）

進歩だ、ケージに入った！

八月です。寒さには強いヤマネコたちも、暑さが苦手です。マナブは、クーラーのきいた病室で快適にすごしていました。

「マナブ、やっと食欲がもどったわね。ふふふ、そのえさの中にはね、薬が入れてあるんだよ。知らないでしょ」

高木さんは毎日、薬をマナブのえさに入れました。たいていは、マナブが好きな馬肉に入れますが、それも食べてくれないときには、いちばん好きな生きたマウスに薬を入れるなどの工夫をして、しっかりとあたえました。

そのかいもあって、マナブは三か月ぶりに繁殖棟へともどってきました。

「どう、気に入った？　グラウンドが広くなってるでしょ。病室みたいにクーラーはきいてないけどね」

高木さんはマナブの退院にあわせて、小さな引っ越しをしました。もともとマナブは三番区画だけを使っていましたが、一、二番のふたつの区画にしたのです。

病気のマナブになにか起きればすぐにかけつけないといけないので、高木さんたちがいる詰所のとなりです。メイも、三番区画だけでなく、四番区画も使えるようにしました。

「メイちゃん、大好きなマナブが帰ってきたよ。においでわかるかな。でもね、もういっしょには遊べないの。ごめんね……」

メイといっしょにすごす同居は、やめることになりました。ほかのグラウンドへも行けないようになりました。つらいことですが、心臓に負担がかかることはいっさいできないのです。とうぜん、繁殖行動も禁止です。

そうです。マナブの病気で、京都市動物園ではヤマネコの繁殖事業ができなくなってしまいました。

（うちの繁殖事業、これからどうなるんだろう……）

高木さんは、不安になりました。でも、望みがすべて絶たれたわけではありません。新しいオスがやってくる可能性もあります。

（だいじょうぶ。だってここには、繁殖が可能になるメイちゃんがいるのよ！　こんどの会議で話しあわれるはずよ。きっと、新しいオスが来るようになるわよ。いいえ、来てもらわないと困るんだから）

全国のヤマネコたちの組みあわせや移動が話しあわれる「ツシマヤマネコ飼育下繁殖推進会議」の開催が、翌月に予定されていました。高木さんは、その会議に大きな期待をよせていたのです。

マナブが入院しているあいだも、メイはトレーニングを積んでいました。基本動作が完璧にできるようになったので、ハズバンダリートレーニングへと進んだのです。

「メイちゃん、きょうこそはできるようになってね」

高木さんは以前から、キャリーケージをグラウンドに入れておいて、メイがなれるようにしておきました。その後ろにすわった高木さんが、ターゲット棒をメイの鼻の前に持っていくと、メイは自分の鼻をつんと、ターゲット棒にあてます。

ピッ。高木さんは「よくできたね」とホイッスルで伝えると、トングで肉をつまみ、口の前まで持っていきました。

ガウガウ。

メイは、えさの肉をぺろりとたいらげました。

(基本は、ばっちりね。問題はここからよ。いくわよ。にげないでよ)

こんどは、ターゲット棒をメイの目の前からゆっくり動かしていきます。キャリーケージの上には、ふたがついています。高木さんはふたを開けたままにして、その真上で止めました。

(こわくない。こわくないから、来て！)

メイはしばらくじっとしていましたが、ぴょんと軽く飛んで、ケージの中にみずから進んで入りました。

(やっ……、あぁ……)

でも、やっぱりこわくなったのでしょうか。えさをもらうこともなく、すぐに飛びでてしまいました。

(ケージから出ちゃったから、えさはあげないよ。さぁ、もう一回、入ってみようね。来るのよ。来て！)

高木さんはもう一度、ターゲット棒をメイの目の前からゆっくり動かし、ふたを開けたままのキャリーケージの真上で止め

キャリーケージの中に入るトレーニング中のメイと高木さん
(写真／京都市動物園)

ました。

　ぴょん。メイは、もう一度軽く飛んでケージの中に入り、しばらくそのままでいました。

　ピッ。

（できた！　できた！）

　高木さんはホイッスルを鳴らし、ケージの中にいるメイにごほうびのえさをあたえました。

（やったね、メイちゃん！　わたしを見ただけでにげていたころからすると、すごい進歩よ。あとは、ふたが閉(し)まっても、おとなしくできるようになれば、無理してつかまえなくてもいいようになるわ。でも、きょうはここまでよ。終わり。これ以上よくばって、ケージがきらいになったら、それこそたいへんだもの）

　高木さんのトレーニングは、ほかの人から見ると、ヤマネコとのなごやかな〝ふれあい〟のように見えます。でもほんとうは、ヤマネコがえさをうばおうと、いつ、きばをむいて飛びかかってくるかわからない〝恐怖(きょうふ)との戦い〟なのです。

「ふうーっ」

　高木さんは、緊張(きんちょう)をほぐそうとして大きく息をはくと、詰所(つめしょ)にもどりました。

「いよいよ、あしたは会議ね」

　高木さんは胸(むね)からさげたホイッスルを、ロッカーのとびらにかけました。

東山動植物園での会議

九月になったものの、真夏のようにきびしく暑い日でした。この日、高木さんは長尾係長とともに、愛知県名古屋市にある東山動植物園に来ていました。「ツシマヤマネコ飼育下繁殖推進会議」に出席するためです。

この会議は、環境省の職員と全国のヤマネコ飼育施設の代表者が年に二回集まって、ヤマネコの繁殖の進めかたについてしんけんに話しあう重要な場です。「あのメスと、あのオスをペアにしてはどうか？」「あのヤマネコを、あそこの園に移動させたらどうか？」などが、具体的に決められるのです。

今回の会場である東山動植物園には、メイたちと同じときに移された、メイと姉妹のマユ、マナブと兄弟のリョウが飼育されています。

動物園に入る前に、高木さんは小さな声でたずねました。

「長尾係長、うちにオスが来ますよね、ねっ、来ますよねっ！」

「そりゃあ、そうだろ。うちにはメイがいるんだよ。ペアのオスがいないなんてのは、ふつうではありえないだろ」

高木さんは長尾さんに念を押すことで、自分の心のすみにある（もしかすると来ないかもしれない）という一抹の不安をしずめたのでした。

「今回は、たいへんでしたね」

福岡から参加した永尾さんや、全国のヤマネコ関係者がマナブの病気のことを気づかい、声をかけてくれました。

「ご心配をおかけしました」

高木さんは明るく答えました。


いよいよ、会議がはじまりました。だれもが積極的に手をあげて、どんどん発言します。一頭でも多くの子どもを誕生させようと、活発な議論がかわされます。

「東山のメス、マユとのペアリングのために、福岡からオスの『ゴクウ』が東山へ移動します。よろしいですね」

ヤマネコのメスは、生まれて一歳十か月ほどで大人になり、赤ちゃんが産めるようになります。こんどの繁殖期には、マユもメイも大人になるのです。

いっぽうオスは、三歳ぐらいにならないと、交尾をしても子どもができないことがよくあります。九十九島から来たリョウは、まだ三歳になっていません。そこで、すでに八歳になっていたゴクウを移動させて、繁殖をめざすことに決まったのでした。

「では、京都について」

司会者がいうと、高木さんは両手を強くにぎりしめながら、心の中でつぶやきました。

（マユちゃん、よかったね。ペアになって、元気な赤ちゃんを産むのよ。どうかみなさん、京都のメイちゃんにも、オスを送ってください！）

マナブが繁殖事業からはずれ、京都に繁殖用のオスがいないことは、会場のだれもが知っていました。それを受けて、長い議論が続けられました。ところが……。

東山の会議は終わりました。

おそらく新しいオスが来るだろう。そう信じ、高木さんと長尾さんがふくらませていた期待は、

「今回は、京都に移動なし。現状のまま」

というきびしい結論で、あえなくしぼんでしまいました。

ふたりは、がっくりと肩を落としながら帰路につきました。

ツシマヤマネコの飼育下繁殖事業は、環境省と全国十の施設が力を合わせておこなっている事業です。京都のことだけを優先するわけにはいきません。でも、第二拠点の京都市動物園で繁殖事業ができないということは、そのままにしておけない大きな問題でした。

4　期待されていないオス

やまねこ博覧会

会議からもどった高木さんは、もやもやした気持ちを切りかえる努力をしていました。

「繁殖だけがわたしの仕事じゃないわ。ツシマヤマネコという生きものがいること、かれらが絶滅の危機にさらされていることを、もっともっと多くの人に知ってもらわないといけない」

そのとおりです。そのためのイベント、第四回「やまねこ博覧会」が、ひと月後の十月に迫っていました。

この博覧会は、ミヤコが京都市動物園に来園したことをきっかけにはじまりました。毎年、二日間にわたって開催される大

やまねこ博覧会。会場で人気の遊具「ツシマヤマネコふわふわドーム」
（写真／京都市動物園、著者）

きなイベントです。同じく、ツシマヤマネコが飼われている東京都の井の頭自然文化園と福岡市動物園でも毎年、「ヤマネコ祭」が開かれています。

博覧会では、京都市交響楽団のメンバーによる「やまねこコンサート」がおこなわれることになっていました。高木さんは、このコンサートの準備と司会が担当です。曲を選んだり、舞台の飾りつけや、演奏の合間に話す内容を考えたりする責任者です。

高木さんはノートにペンで「やまねこコンサート」と書いたあと、しばらく考えにふけっていました。

「できるだけ、みんなが知っている曲がいいわ。ヤマネコやネコといえば、やっぱり、あれかな。問題は最後の曲よね。最後にふさわしい、対馬の人たちの思いが伝わる曲にしないと。うーん……」

園内の木の葉も少し色づきはじめた十月中旬。やまねこ博覧会の日がやってきました。高木さんはまっ先に、天気を確認しました。

「いいみたい。お客さん、たくさん来てくださるかなぁ？　早く行かなくっちゃ」

高木さんが動物園に着くと、対馬から来た対馬市役所、「NPO法人ツシマヤマネコを守る会」、「NPO法人どうぶつたちの病院」などの人たちが、もうすでに飾りつけの準備に取りかかっていました。

「うわっ！　みなさん、早いですね！」

博覧会では、ヤマネコ人形作り教室、動物人形劇、おはなし会、スタンプラリーなどもおこなわれます。高木さんの心配をよそに、おおぜいのお客さんが動物園にやってきました。

高木さんが担当するコンサートの時間になり、会場にたくさんの人が集まってきました。

「こんにちは！　司会の高木です。いまからヤマネコにまつわる曲を四曲、お届けします。楽しんでくださいね。では、はじめます。最初の曲はなにか、わかるでしょうか？」

演奏がはじまりました。最初の曲は、ミュージカル『キャッツ』でおなじみの「メモリー」でした。すばらしい演奏が続き、あっというまに時間がすぎていきました。

「最後の曲は、いっしょにおどって、もりあがりたいと思います。会場のみなさん、お立ちください。さぁ、準備はいいですか？　それでは、『ようかい体操第一』、スタート！」

会場につめかけた子どもたちが、いっせいにおどりだしました。高木さんが『妖怪ウォッチ』から曲を選んだのには深いわけがありました。このアニメの人気キャラクター「ジバニャン」は、車にひかれて死に、妖怪になったからです。

じつは、ツシマヤマネコの死因第一位は、交通事故なのです。

野生のツシマヤマネコは、一頭がかなり広いなわばりをもち、その中を移動しながら暮らしています。メスの行動範囲は一平方キロから二平方キロですが、オスは冬の繁殖期になるとメスを探して、メスの七から八倍も行動範囲を広げます。行動範囲の中には道路があることもあって、移動中に事故にあうのです。

交通事故がもっとも多く起こるのが、十一月。これはちょうど、生まれて五か月から六か月ごろの子ネコたちが、親から独立する時期と重なっています。この時期、それまでやさしく世話をしてくれていた母ネコは、態度を一変。子ネコたちに威嚇し、自分のなわばりから出ていくことを迫ります。子ネコたちはしかたなく、あらたに自分のなわばりをもつために見知らぬ土地に出かけていき、そこで交通事故にあうのです。

対馬では交通事故を防ごうと、事故があった場所を中心に、「ヤマネコ注意！」の道路標識を五十か所ほど立てて、注意をうながしています。それでも統計を取りはじめた一九九二年以降、九十四頭ものヤマネコが事故でなくなっています（二〇一七年六月まで）。

二〇一六年には、事故で死んだメスのおなかに、三頭の赤ちゃんがいたことがありました。ひとつの事故で、四頭ものとうとい命が奪われた悲劇でした。

対馬の道路に立てられた標識（写真／著者）

二〇一二年度には、たった一年で十三頭ものヤマネコが交通事故で死にました。ツシマヤマネコの生息数が少ないことからすると、これらはきわめて深刻な事態です。

「みなさん、ツシマヤマネコを交通事故から守りましょう！」

高木さんは大きい声で、強くうったえました。

いいニュース

「あの、高木さん。坂本副園長が高木さんのこと、探していたみたいですよ」

次のもよおしの準備にやってきた飼育員が、コンサートを終えたばかりの高木さんに声をかけてきました。

「そう。わかった。なんだろうな？　あっ、次の講演会、何時からだったっけ？」

「二時半からです」

「うわっ！　早く、かたづけないと」

自分の仕事が終わっても、しなくてはいけないことは山ほどあります。なんといっても博覧会は、ツシマヤマネコを多くの人に知ってもらうためのもの。高木さんはそのツシマヤマネコをメインで担当している飼育員なのですから。

「講演会がはじまりますよ〜」

高木さんは、会場の外で誘導をはじめました。すると、お客さんにまじって坂本さんも入っていくではありませんか。

「あっ、そうだった。坂本副園長がわたしを探してたんだ。副園長ーっ」

高木さんが追いかけると、いつも笑顔の坂本さんが、いつもにもまして飛びきりの笑顔でいいました。

「おおっ、高木さん、いいニュースですよ！　オスが来ることになったんです！」

高木さんの表情がぱっと明るく、坂本さんに負けないくらいの笑顔になりました。

「ほんとですか！　やった！　これで繁殖事業ができる。よかった！」

ところが、坂本さんはすぐにしぶい表情になり、つぶやくような小さな声でいいました。

「まっ、〝あまり期待されていないオス〟ですがね」

「えっ？　なんですか、それ？」

ちょうどそのとき、長尾さんの講演会がはじまってしまいました。

「くわしいことは、あとで長尾係長から聞いてください。かれが連絡を受けたもんだから」

高木さんはオスが来るのがうれしくてたまらず、まるでスキップをするかのように会場の前のほうへと移動しました。

長尾さんの講演がはじまりました。

「日本には、沖縄県西表島のイリオモテヤマネコと、長崎県対馬のツシマヤマネコという二種類のヤマネコがいます。

イリオモテヤマネコがすむ西表島は八十五%が国有地です。国が中心となって保護できるのですが、反対に対馬は八十五%が民有地です。だから保護するにも、民間の協力が不可欠なのです」

長尾さんはツシマヤマネコを保護することの重要性、動物園で繁殖させることの意味を熱く語りました。

「ふたつのヤマネコのちがいはですね……」

と、二種類のヤマネコの体の特徴についても、次のように説明しました。

☆　イリオモテヤマネコは灰色がかった毛色で、ツシマヤマネコよりも黒っぽい

☆　イリオモテヤマネコは目から鼻までが長く、顔が細く見える

☆　夏毛と冬毛の差は、ツシマヤマネコのほうがはっきりしている

講演が終わるやいなや、高木さんは長尾さんにかけよりました。

「坂本副園長から聞きました。オスが来るんですって！」

「ああ、さっき連絡をもらって、おどろいたよ」

「で、どこのオスが来るんですか？」

「ううん。それがさぁ、よりによってだな。あの、『キイチ』だよ」

「えぇーっ？　キイチですか！　そうかぁ……。〝あまり期待されていない〟って、キイチのことだったのか……」

高木さんは遠くに目をやりながら、もう一度つぶやきました。

「キイチかぁ……」

個体番号四十一番のキイチは、二〇〇七年に福岡で生まれました。そして対馬の保護センターへ、次に東京都の井の頭自然文化園へ、その次に長崎県の九十九島へと移動しました。そして、生まれた福岡へもどってきて、今回、京都に来ることになったのです。

どうしてキイチは、何度も移動しているのでしょう？　それは、メスに興味をしめさず、子どもが生まれる可能性がかなり低いからです。〝あまり期待されていないオス〟とは、そういうことなのです。

高木さんはしばらく遠くを見ていましたが、そのあと長尾さんの目をしっかりと見つめていいました。

「キイチでもいいです。オスが来てくれるんだもの。可能性はゼロじゃないですよね。もし子どもが生まれたら、すごいことですよね！」

「そうだ。オスがいればなんとかなる。とにかく、メイとの相性がすべてだぞ」

長尾さんは、きっぱりとそういいました。

でかオス、キイチ

色づいた園内の木から、葉っぱがはらはらと舞いおちる十一月二十五日。キイチが、福岡から京都へやってきました。

着いたばかりのキイチは、園内の病院のとなりにある「検疫室」にいました。そこはちょうど、ミヤコがいるケージのすぐ裏です。もちろん、お客さんが立ち入れない場所です。

「ねぇねぇ、長尾係長。キイチ見ましたか？　どんな感じでしたかね？」

「坂本副園長、どうでした？　キイチ見て、どう思いましたか？」

高木さんは、長尾さんと坂本さんにキイチのことをたずねました。高木さんはキイチの担当飼育員なのに、どうしてでしょう。じつは、担当だからこそ、すぐにキイチと会うことが許されなかったのです。

動物園では、新しい動物がやってくると、まわりから隔離されたケージに入れて、最低でも二週間はようすを見るのです。その動物が感染症、つまりなかまにうつしてしまう病気にかかっていないかを調べるためです。

もしキイチが、感染する病気をもっていたとしましょう。メイやマナブといっしょにしてしまうと、うつしてしまう可能性があります。いっしょにしなくても、高木さんがキイチから病気をうつされたら、人間には影響がなくても、高木さんがメイとマナブにうつしてしまうこともあります。こういった危険をさけるために、そうするのです。これを、検疫といいます。

検疫のあいだ、飼育担当者は絶対に会えません。

「高木。でかいぞ、でかい！　あんなにでかいヤマネコ、見たことないから」

「大きいですよ。大きいと聞いていましたが、実物を見たら、ほんとうに大きいですね」

長尾さんも、坂本さんもキイチの大きさにおどろき、高木さんに伝えました。


二週間がたち、キイチを繁殖棟に連れていく日です。やっと高木さんは、検疫室でキイチと対面しました。

「わっ！　でかっ！　頭も体も、マナブよりひとまわり大きい」

高木さんもキイチを見て、思わずそういいました。

福岡市動物園の永尾さんからも、「キイチは、かんろくがありますよ」と聞いていましたが、実際に見ると見ないではおおちがい。それほど、キイチの大きさは際立っていました。

高木さんは、検疫を担当した獣医師にたずねました。

「キイチ、何キロあった？」

「五・二キロですよ」

「えーっ！　そりゃあ、でかいわ」

ふつう、野生のツシマヤマネコの体重は二・八キロから四キロといわれています。体重からも、大きなヤマネコだとわかります。

高木さんはキイチの入ったキャリーケージを持って、長尾さんとツシマヤマネコ繁殖棟へ向かいました。

この日はビュービューと、北風が吹いていましたが、

シャー

という威嚇する声が、そんな強い風の中でもしっかりと聞こえてきます。

繁殖棟に着くと、キイチを七番と八番区画に入れました。一番と二番区画にはマナブが、三番と四番区画にはメイがいます。

キイチは自分のグラウンドを、すみずみまでたんねんに、においをかいでチェックしていました。それほど、においに敏感なヤマネコのことです。もうすでに、近くにメスのメイがいることはわかっているでしょう。

「よしよし、いい子だ。すぐになれるよ。落ちついたら、メイのところへも行くんだぞ」

長尾さんがキイチに話しかけると、高木さんが少し首をかしげました。

「福岡の永尾さんが『キイチはビビり』、っていってましたよ。小心者だと。お見合いさせても、メスの

ところへは行かないし、においもかがないって。メイちゃんのところには行ってくれるんでしょうかねぇ……」

「あっ！　しまった、高木。検疫室からこっちに来る前に、ミヤコに会わせてやればよかったな」

「そうでしたね。ミヤコはキイチのお母さんですものね。すぐそばにいたんだから、そうすればよかったですね」

東山動植物園の会議で、福岡から移動が決まったゴクウもミヤコの子で、じつはキイチといっしょに生まれた兄弟です。ツシマヤマネコの寿命は、野生では六年から九年、飼育下では十五年くらいと考えられています。このときミヤコは十三歳、キイチは八歳。

「自分の母親のそばにやってくるなんて、なにか縁があるんだよ。だいじょうぶ。なんとかなるって」

長尾さんは高木さんの肩をぽんとたたいて、繁殖棟から出ていきました。

キイチの初恋！

二〇一五年も終わりに近づいた十二月十八日のことでした。この日、高木さんはすぐには繁殖棟へ向かわずに、ミヤコに会いにいきました。いっておきたいことがあったのです。

「ミヤコ、きょうからよ。あなたの息子のキイチが、お見合いをはじめるの。キイチはうちに来たばかりだけど、もうすぐ繁殖期だからね」

動物の繁殖は、一年じゅう繁殖が可能な「周年繁殖動物」と、ある特定の季節のみに可能な「季節繁殖動物」にわけられます。ツシマヤマネコは、えさが豊富で子育てしやすい春に子どもが生まれるように、冬にだけ繁殖行動をおこなう季節繁殖動物です。

野生のヤマネコは、一月ごろから繁殖可能な異性を探して歩き、出会うとしばらくいっしょにすごし、やがて二月から三月に交尾をします。

かれらが季節を感じるのは、日の長さ。一年でいちばん日が短い冬至は、かれらにそろそろ繁殖期が訪れることを知らせます。人間にとっては一年をしめくくる時期ですが、ヤマネコたちにとっては繁殖期の幕開けの時期なのです。

「あなたは十頭も産んだのよね。メイちゃんにも、あなたみたいにたくさん赤ちゃんを産んでもらいたいの。そのためには、まずはお見合いを成功させなきゃ。うまくいくように、そこから見守ってね」

ミヤコは後ろを向いたまま、パタンパタンとしっぽをふりました。高木さんはクスッと笑うと、きりっと口を結び、ずんずんと速足で歩きました。そしていつものように木のとびらをギィと開いて、繁殖棟に入りました。

ふだん単独生活をしているヤマネコたちは、それぞれ区画で別べつに飼育するのがふつうです。ほかのヤマネコたちの区画へは自由には行けないので、会うことはありません。そんなヤマネコたちを網越しに会わせるのが、お見合いです。
ヤマネコは相性が悪いと、相手にはげしく攻撃をしかけます。つめを立ててパンチをしたり、押さえこんだり、かんだりするのです。攻撃を受けて、命を落としたヤマネコもいます。だからお見合いをさせて、そのときのようすで相性を見極めるのです。

メイとキイチは、はじめて顔を合わせます。相性がどうなのか、まったくわかりません。

メイとキイチのお見合いがはじまりました。

「キイチ、きょうからキャットウォークに出られるのよ。よかったね。まずは、じっくり探検してらっしゃい」

ほかの区画のグラウンドに行くためにあるのがキャットウォーク。わたりろうかです。キイチがいる区画からキャットウォークへ行くとびらは、いつもは閉められています。高木さんが、そのとびらを持ちあげました。

キャットウォークを歩くキイチ（写真／京都市動物園）

シュッ。小さな金属音がして、すすっととびらが開きました。キイチはためらうことなく、キャットウォークに出ました。

タッ、タッ、タッ、タ。キイチが歩きだしました。

「おぉっ！　そうよ、メイちゃんはそっちよ。どんどんお行き、キイチ！」

キイチは四番区画のグラウンドの前で、ぴたりと歩みを止めました。

キャットウォークがあるのは、グラウンドの地面より少し高い位置。そこで、キャットウォークの高さと同じになるよう、グラウンドには机が置いてあります。この机こそは、キャットウォークとグラウンドのあいだの網越しに、お見合いさせるためのものなのです。

「あっ、キイチがのぞいた！」

そのまなざしの先には、メイの姿がありました。地面にいたメイは、突然のキイチの視線におどろき、すすっと後ろのほうへさがって距離をとりました。二頭はおたがいに見つめあっています。

（キイチは、ビビりじゃなかった。ちゃんと、メイちゃんのところに行ったわ。いいわ、攻撃もしなかった。手ごたえじゅうぶんよ！　きょうはここまで）

高木さんはお見合い初日の結果に、満足していました。

次の日も、その次の日もお見合いは続けられ、キイチは毎日、メイのところへせっせと通いました。

「キイチ、ちゃんとメスに興味あるじゃん。もしかすると、いけるかもしれないぞ。ほらね、ぼくがいったとおりじゃん」

お見合いを見にきた長尾さんが、得意気にいいました。しかし、高木さんはしんちょうでした。

「でもまだ、メイちゃんが机にのってないんです。キイチと同じ高さになってません」

メイはマナブが無理やり机にのってきても、追いはらおうとはしませんでした。それは、メイがマナブを気に入っていたからです。

高木さんには、そのときの印象が強く残っていました。それで、メイがキイチの目の前で机にのらないのは、キイチのことをあまり気に入っていないからだと心配していたのです。

「だいじょうぶだって」

飼育員としては大ベテランの長尾さんがいくらいっても、高木さんは安心できませんでした。

ところが、お見合い開始から八日目のこと。メイははじめて、キイチと〝鼻あいさつ〟をしたのです。グラウンドの地面にいたメイが、網につかまり立ちしました。顔がちょうどキャットウォークと同じ高さになり、キイチと網越しに鼻と鼻をくっつけたのでした。イエネコもよくするこの行動は、二頭がなかよくなったという動かぬ証拠です。

そして、その次の日でした。

「メイちゃん。あなた、そうだったんだ！ やっぱり、あなたってクールなのね！」

なんと、メイが机の上にのって、キイチを待っていたのです。そこへ、タッ、タッ、タと、キイチがやってきて、網越しに鼻あいさつをしました。

「わたし、ぜんぜんわからなかったわ」

メイはキイチに気のないような、冷たくて、クールなそぶりを見せていました。でもほんとうは、好意をもっていたのです。

さらに数日後。机の上にいたメイが、遊び道具のボールに夢中になって、うっかりお尻を見せたとたんのこと。キイチは網越しに、くんくんとメイのお尻のにおいをかぎました。

「長尾係長、さすがにこれはまちがいないですね」

いつもはしんちょうな高木さんも、今回ばかりは確信をもっていいました。

「だから、いったろう。だいじょうぶだって。キイチはあきらかに、メイのことが気になっている。メ

メイ（机の上）とキイチ（キャットウォークの中）、鼻をくっつけた

スに興味があるんだよ。〝あまり期待されていないオス〟なんかじゃないさ。きっと、交尾までいけるぞ」

「キイチの初恋の相手は、メイちゃんだったんですね。キイチ、もう八歳なのに。あまりにもおそすぎますよね」

高木さんと長尾さんは、キイチはメスに興味がないのではなく、これまでは恋にまで発展するような魅力的なメスと出会わなかっただけなんだと、分析しました。キイチにとってメイは、運命のメスだったのです。

「あとは、いつ、メイちゃんに発情がくるかですよね」

「そうだ。メイに発情がきたら、すぐに同居だぞ!」

「はい!」

高木さんは、力のこもった声で答えました。

5　ごめんね、メイ

発情がきた？

年が明けた、二〇一六年の一月。ツシマヤマネコの繁殖期が本格的にはじまりました。この時期に、メスだけに発情がきます。発情とは、メスが交尾を受けいれる状態になったことです。多くの場合、ヤマネコの発情は十日から十四日間隔でやってきます。一月はピークだから、メイにいつ、発情がきてもおかしくはありません。

メスに発情がくると、オスと数日間交尾をくりかえします。やがてオスは、メスのもとを離れて単独行動にもどります。妊娠したメスは、春に一頭から三頭の子どもを産み、ひとりで育てるのです。

ところが発情は、それがほんとうに発情なのかを、飼育員でさえも判断するのはかんたんではありません。それでも注意深く観察していると、ふだんには見られない「ローリング」や「コーリング」という行動が見られるので、それらを判断の材料にします。

ヤマネコはイエネコとはちがい、ふだんはあおむけになっておなかを見せることがありません。そんなヤマネコのメスが、寝ころがっておなかを見せるのがローリング。「わたしは結婚相手を探しているのよ」というサインです。

コーリングとは、鳴き声のことです。ふだんはあまり鳴かないヤマネコが、よく鳴くようになります。

なんとしても、メイの発情のサインを見のがすまい！　高木さんはいつにもまして、メイを注意深く観察していました。


一月十五日のことです。

「あっ、メイがローリングした！　発情がきているみたい！」

けれども、ただ発情がきただけでは、まだまだです。交尾にまでいたる、強い発情でないと……。そして交尾にのぞむときには、攻撃で命を落とす危険もともなう同居をさせなくてはいけません。

「いま、同居させてもだいじょうぶなのかな？　お見合いでは、一度も攻撃はなかったけど……。でも、もし、攻撃してしまったら……」

はじめてのヤマネコ担当です。ヤマネコの発情を見るのもはじめてでした。

「まただ！　また、メイがローリングしている！　いけるかもしれないわ」

高木さんは決めました。

「長尾係長、同居させます！　チャンスだと思います。すぐに、来てください！」

高木さんがチャンスといったのは、交尾する可能性がある、そう思ったからです。

「わかった。すぐに行く！」

長尾係長は答えました。

ヤマネコを同居させる作業ですが、かならず二人以上のサポートが必要です。自然の中では攻撃を受けてもにげることができますが、施設の中ではにげ場がありません。そこで、攻撃があると、ひとりがデッキブラシや熊手などで二頭を引きはなし、もうひとりがとびらを閉めるのです。捕獲用の網も、用意されています。

長尾さんが来る前に、しておかなければいけないことがありました。

まずは、三番と四番区画のグラウンドのあいだにあるとびらを閉めました。このとびらの開け閉めはグラウンドの中からも、ろうか側からもできます。高木さんは、ろうか側から閉めました。

そして、キャットウォークと三番区画のグラウンドのあいだにあるとびらを開けました。

「さぁ、キイチ、お行き。メイちゃんといっしょにしてあげる」

キイチは、目の前のとびらが突然開いたので少しおどろきましたが、七番区画からメイが暮らしている三番区画へと向かいます。とびらが開いているので、いつもとちがってキイチは、三番区画のグラウンドにまで行けました。

そこでキイチは、口を半開きにしたまま、しばらくたたずみました。「フレーメン」という行動です。

鼻の穴の奥にはヤコブソン器官という、においをしっかり判断する器官があります。そこに、メイのにおいを取りこんでいるのです。

そして、顔の臭腺というところから出る自分のにおいを、メイが使っている机に入念にこすりつけました。イエネコでもよく見られるこのような行動は、自分のにおいをつけて安心したり、敵やなかまに自分の存在を知らせたり、繁殖期には相手に思いを伝えたりするものです。

そのあとキイチは、メイの部屋のあちらこちらに「尿スプレー」、つまりおしっこでマーキングをしました。

メイはというと、四番区画のグラウンドにいます。三番区画のグラウンドのあいだのとびらは、閉められたままです。

長尾さんが息を切らしてかけつけました。

「いよいよ、同居だな。用意はできているか？」

「はい。できています」

「よしっ。はじめよう！」

「いまから、とびら開けます！」

「了解（りょうかい）！」

ガガ、ガッ。高木（たかぎ）さんはろうか側から、ヤマネコ一頭がやっと通れるぶんだけとびらを開けました。もし攻撃（こうげき）がはじまっても、すぐに閉められるからです。

ほんの少しの幅（はば）でもヤマネコにとってはじゅうぶんで、キイチはメイのいる四番区画のグラウンドへ、さっと入っていきました。高木さんの表情（ひょうじょう）に、緊張（きんちょう）が走ります。

（お願い。お願いだから攻撃だけはしないで……）

高木さんの心臓（しんぞう）が、ドクンドクンと鳴ります。

メイは、キイチが自分のグラウンドにまでやってきたので、ちょっとおどろいたようすを見せました。それでもあわてず、落ちついています。

メイが動くと、そのあとをキイチがついていきます。でもメイは、いやがってはいないように見えます。キイチとのあいだにある程度（ていど）の距離（きょり）があるから、安心しているのでしょう。けれども交尾（こうび）にいたるような行動は、最後まで見られませんでした。

「じょうできよ、じょうでき！　きょうはここまでよ」

高木さんが四番区画のグラウンドに入っていくと、少しだけ開かれていたとびらのすき間をすりぬけて、メイが三番のグラウンドへにげていきました。ガガ、ガッ。それを見た高木さんが、中からとびらをゆっくり閉めました。

こうして、メイとキイチのはじめての同居は、十五分ほどで終了しました。初恋の相手とはじめてデートをしたキイチに向かって、高木さんが声をかけました。

「いい感じだったよ、キイチ。これから、じょじょに距離を縮めていこうね」

短い時間にもかかわらず、高木さんはたしかな手ごたえを感じたのでした。

高木、やったな！

その後、メイとキイチの同居は六日間続けられましたが、交尾はありませんでした。発情のピークは二月といわれています。まだ一月の半ばなので、これからに期待です。

そんなときでした。えさをもらいながらトレーニングをしていたキイチが突然、グラウンドでぱたりと倒れたのです。手足をつっぱり、苦しそうです。

「どうしたの？　キイチ！」

それは十秒ほどの短い時間でした。高木さんから無線を受け、この日の担当だったサブの獣医師がかけつけたとき、キイチはふだんのようすにもどっていました。

「マナブの代わりに来たキイチなのよ。病気だったらどうしよう……」

原因はわからないと獣医師にいわれた高木さんは、やはり気になります。さっそく環境省や、キイチを飼育してきた飼育員に、「これまでに、こんな症状はありませんでしたか？」とメールで問いあわせました。しかし、返ってきたのは、「そのようなことは、ありませんでした」という返事ばかり。

「これからいよいよ交尾という、いちばん大切なときに……」

　高木さんは大事をとって、ひとまず同居を中断しました。数日間、キイチのようすを見ましたが、なんともありませんでした。どうやらキイチは、えさをのどにつまらせただけのようでした。

「ちょうどいまは、メイの発情が強くないとき。次の発情で、また同居させればいいのよ。きっと、交尾をするわ。だいじょうぶ。きっと、だいじょうぶ。ここまでこぎつけられただけでも、すごいことよ。あせらない。あせらない」

　高木さんは、自分にそういいきかせました。

　発情がピークになる二月になりました。一日にはさっそく、同居が再開されました。

　次の日でした。

「きょうこそ、お願いよ」

　高木さんと長尾さんがモニター越しに見守るなか、キイチがメイのグラウンドへと入っていきました。しばらくすると、それまでには見たことがないメイの姿がありました。

「な、長尾係長、メイが！」

「おおっ！」

メイが腰を低くして、尾をあげているではありませんか！　交尾を受けいれるサインです。

「よしっ、いけっ、キイチ！」

長尾さんはモニター画面に向かって、大きな声でさけびました。メイのサインを受けたキイチが、ついにメイの背中にのりました。交尾したのです！

「高木、やったな！」

「はい、やりました。ついにやりました！」

高木さんと長尾さんはがっちりと握手し、何度も何度も強くゆらしました。

(福岡市動物園の永尾さん、やりました！　まずは第一段階、クリアです！)

ヤマネコの担当になったのに、繁殖棟にヤマネコがいなくて、もんもんとした毎日を送ったこと。やっと来たオスのマナブに重い心臓病が見つかり、繁殖事業ができなくなってしまったこと。あらたに来たキイチが〝あまり期待されていないオス〟といわれていて、不安だったこと。

高木さんの心に、そんなすべてが一瞬でよみがえり、そして一瞬にしてなつかしい思い出となったのでした。

大きくなるおなか

メイとキイチはその後も同居のたびに交尾をし、数週間後にはもうメイの発情が見られなくなりました。おそらく妊娠したのでしょう。

交尾をしても、まれに赤ちゃんが生まれないことがあります。なにせキイチは、はじめて交尾をしたのです。高木さんは、はたして赤ちゃんができるのかと、少し不安でした。けれども数週間後、ふんにふくまれるホルモンなどを調べて、メイが妊娠していることが確認されたのです。

「イヌやネコは、交尾して六十三日から六十五日で生まれるのだったわね。数えると、えーっと、そうね、四月の七、八、九日。このあたりかな?」

高木さんは詰所の壁にかけられたカレンダーに、赤いハート印をつけました。

高木さんはメイの体調を気づかいながらも、トレーニングの手はゆるめませんでした。

「メイちゃん、しっかり食べるのよ。あなた、赤ちゃんを産むんだから。でもね、トレーニングも同じくらい大事なのよ」

高木さんは首からさげたホイッスルを口にくわえて、ターゲット棒をメイの鼻の前まで持っていきます。メイもよくわかっていて、鼻でつんとターゲット棒をタッチします。ピッ!「よくできたわね」のホイッスルがグラウンドにひびきます。

(ねぇ、メイちゃん、おなかをさわりたいなぁ。ちゃんと大きくなっているのか、たしかめたいのよ。

なんとかならないかなぁ。あっ、そうだ！　これだ！）

高木さんはグラウンドにある、少し太めの木の枝の後ろへまわってから、

（メイちゃん、こっちだよ。こっちへ来てごらん）

と、ターゲット棒でメイを静かに誘導しました。

（そうそう、もうちょっと。あと、もう少しだけ来て）

メイは鼻でターゲット棒をタッチしようと、たっと、枝に前足をかけて立ちあがりました。メイが、つかまり立ちをしたのです。

ピッ！　高木さんは、いつもよりも大きな音で合図すると、片方の手のトングでメイにえさをあたえました。

（見える、見える！　メイちゃんのおなかが、ばっちり見える！）

そして、もういっぽうの手でそっと、メイのおなかをさわりました。えさを食べていたメイは、一瞬、ぴくっとしましたが、そのままさわらせてくれました。

（やった！　できた、できた！）

トレーニングでつかまり立ちができるようになった成果。大きくなったメイのおなかが見られた（写真／京都市動物園）

つかまり立ち完成までの手順

春の日差しがまぶしい三月十七日でした。ヤマネコの出産についてくわしく教えてもらうため、高木さんはふたたび福岡市動物園へ行きました。

永尾さんが、笑顔でむかえてくれます。

「うれしいですね。メイには元気な赤ちゃんを産んでほしいと願っていましたが、まさか、あのキイチとペアになるなんて……。夢にも思っていませんでしたよ。メイの妊娠もうれしいですが、キイチを交尾に導いてくれた高木さんに感謝します」

「いえいえ、それはメイちゃんのおかげですよ。メイちゃんに魅力があったからです。わたしも、キイチが来てから最初の繁殖期に、これほどうまく妊娠にまでいたるとは、まったく思っていませんでした。永尾さんのアドバイスのおかげです」

「とんでもない。高木さんの努力の結果ですよ。無事に生まれてくれるといいですね」

「はい……。永尾さん、ひとつ心配なことがあります。メイちゃんは、赤ちゃんをうまく育ててくれるんでしょうか？」

「うーん、わかりませんねえ。うまくいかなければ、人工保育するしかないでしょうね。ただ、うちではどの親もちゃんと、生まれた子を育てましたよ。無事に産んでくれさえすれば心配ないと思いますが……」

人工保育とは、母ネコに代わって飼育員たちが赤ちゃんを育てることです。ヤマネコ飼育の先がけであり、多くの出産を経験してきた福岡市動物園でも、ほかのツシマヤマネコ飼育施設でも、その経験はありません。

野生動物は、ふつうは安産です。出産がたいへんだと、野生では生きのこれないからです。とうぜん、動物園で飼育されている動物もたいていは、人の手を借りずに産みます。だから、出産にそなえて飼育員が動物園に泊まりこむことなどは、ほとんどありません。

ところが、赤ちゃんが生まれたら、飼育員は休みの日でもすぐにかけつけます。なぜなら、母親が育児放棄することもあるからです。見捨てられた赤ちゃんは、母親からお乳をもらえなくて死んでしまいます。そのときは、飼育員が赤ちゃんを取りあげて、母親に代わってミルクをあたえるのです。

このように飼育員たちの関心は、どちらかといえば出産後にあります。メイは、ちゃんとお乳をあたえてくれるの？　育ててくれるの？　不安な高木さんは、永尾さんからいろいろな体験談を聞いたのでした。

さくらの咲く四月に入ると、メイのおなかは急に大きくなり、見ただけで赤ちゃんがいることがわかるほどになりました。

いよいよ、出産予定日の四月七日がやってきました。なかまの飼育員が、高木さんの緊張をほぐそうとして、冗談をいいました。

「高木さん、あしたは休みでしょ。よくいうじゃないですか、担当者が休みの日にかぎって生まれるって。ふふふ、きょうじゃなくて、あした生まれたりして」

「やめてよ、そんなジンクス。休みの日はちゃんと休ませて」

この日は、生まれませんでした。

がんばれメイ！　おなかの赤ちゃんも！

翌日八日の朝でした。高木さんは休みなので、代わりに長尾さんがヤマネコを担当します。繁殖棟を見にいった長尾さんは、メイを見ると、いそいで高木さんにメールをしました。

「メイのようす、いつもとちがうように見える。なんだか、もぞもぞしている。陣痛がはじまったのかもしれない」

ほんとうに陣痛なら、メイはいよいよ赤ちゃんを産むのです。高木さんは、すぐに返信しました。

「わかりました。すぐに行きます」

高木さんが動物園に着くと、長尾さんがメイにえさをあたえていました。ふつう、動物は出産前には食べないことが多いので、えさを食べるかどうかで判断しようとしたのです。

メイは、ぺろりとえさを食べました。

「うん？　陣痛じゃなかったんですかね？」

ところがメイはしばらくすると、部屋に置かれた産箱の中の干し草の上で、しきりに腰を上げたり下げたりしだしました。そのようすを、産箱のカメラが映しだしていました。

「やっぱり、陣痛だった。ジンクスって、あたるのね」

長尾さんは、大ベテラン飼育員。その観察力はさすがです。すでに塩田獣医師も繁殖棟に来ていて、詰所のモニターをきびしい顔で見つめていました。

「メイ、がんばって！　がんばるのよ！」

高木さんはモニターに向かって声をかけつづけますが、メイはなかなか産みません。時間だけがむなしくすぎていきます。

塩田さんが重い口を開きました。

「長尾係長。これはもう、危険です。帝王切開にしましょう」

「ああ。これ以上長引けば、メイがあぶない。よしっ、そうしよう！　なんとしてでも、メイの命だけは助けなくては！」

母親のおなかを開いて赤ちゃんを取りだす手術を、帝王切開といいます。ツシマヤマネコでは一度だけ、福岡市動物園でおこなわれたことがあります。そのときの赤ちゃんは、残念ながら育ちませんでした。じつは、その経験をしたのはほかでもない、メイとマユの母ネコです。

連絡担当者が無線機で呼びかけました。

「緊急連絡、緊急連絡。ヤマネコの帝王切開手術をします。それぞれ、準備に取りかかってください！」

陣痛がはじまったメイをモニターで見守る動物園のスタッフたち
（写真／京都市動物園）

「はい！」

「了解！」

「わかった！」

それぞれのトランシーバーから声が聞こえました。

メイを病院に連れていくのは高木さんと長尾さんです。メイは出産がうまくいかない難産で、パニック状態だから、網でつかまえてキャリーケージに入れました。それを持って、しんちょうに、でも速足で、園の東のはしにある繁殖棟から北のはしにある病院まで運びました。

「メイちゃん、もう少しよ！　すぐに、楽になるから！　赤ちゃんはわたしたちにまかせて」

すぐに麻酔がかけられ、待機していた塩田さんが手術に取りかかりました。

「塩ちゃん、お願い！」

塩田さんは、こくりとうなずきました。

生まれた赤ちゃんは、人工保育をすることになります。保育器の電源も、すでに入れられていました。

「メイちゃん、がんばるのよ！　おなかの赤ちゃんも！」

おなかの毛が刈りとられ、カミソリできれいにそられました。毛柄に斑点があるのと同じように、ひふにもうすい黒色の斑点があります。それが、あらわになりました。

「では、はじめます」

塩田さんがひふに銀色のメスをあてると、赤い血がじわりと出てきました。しばらくすると塩田さんが、十二センチほどの赤ちゃんを取りだしました。

二頭です！　でも、鳴き声がしません。肺に羊水が残っているのかもしれません。おなかの中で赤ちゃんは羊水にういていて、しょうげきなどから身を守っています。赤ちゃんを一頭ずつ受けとった高木さんたちは、細いチューブを赤ちゃんの鼻や口に入れて、羊水を吸いだしました。

それでもまだ、最初の呼吸がありません。高木さんはいそいで、赤ちゃんを温めました。

「あっ、口が動いた！　息した！」

「こっちもだ！　息してるぞ！」

けれども、呼吸は長く続きません。また、二頭の赤ちゃんの口が動かなくなりました。

「生きて！　息して！　お願い！」

高木さんたちは赤ちゃんの胸を親指で小きざみに押す、心臓マッサージを必死にしました。

しかし……。

一度は呼吸をした二頭の赤ちゃんでしたが、その後、心臓がふたたび動くことはありませんでした。保育器のスイッチが切られました。

さいわいなことにメイは、塩田さんをはじめとする獣医師たちの懸命な処置のおかげで救われました。

「なぁ、高木。とにかく、メイが無事でよかった。また、来年、挑戦しよう」

長尾さんは、高木さんにやさしく語りかけました。でも高木さんは、返事ができませんでした。

(このやりかたでよかったんだろうか？　まちがってなかったんだろうか？　もっと早く判断していたら、赤ちゃんを助けられたかもしれない……。ごめんね。ごめんね、メイちゃん……。永尾さん、すみません……)

高木さんは、おなかに網状の包帯をかぶせられてぐったりしているメイと、多くのアドバイスをくれた永尾さんにあやまりました。

ヤマネコの妊娠と出産は、京都市動物園ではじめてのことでした。もちろんヤマネコの新人飼育員、高木さんにとっても、メイにとってもはじめてのことでした。

それぞれにとっての初産は、悲しい結果となってしまいました。


手術から十日がたちました。メイは退院して、また繁殖棟にもどってきました。

高木さんは、メイが入ったキャリーケージを持って繁殖棟の中を歩きながら、キイチとマナブにいいました。

「みんな、メイちゃんがもどってきたよ～！」

メイは血液の検査で異常がなく、おなかのきず口もしっかりとくっついて、いつもの元気を取りもどしていますでも高木さんにはひとつ、とても気になっていることがありました。

「体はもとにもどったけれど、トレーニングの成果はだめになったかもしれないわ。病院に運ぶときに無理やり網でつかまえちゃったし、おなかも切られて、すごく痛い目にあったから……。人を警戒してるはずよ。きっとメイちゃんは、わたしのことがきらいになってる。トレーニングは、はじめっからやりなおしね」

高木さんはホイッスルを首にかけて、ターゲット棒を持ちました。気のせいか、ホイッスルや棒がいつもよりも重く感じます。

「くよくよしててもしかたないわ。さぁ、メイちゃん、トレーニングはじめるよ。えっ⁉」

高木さんは目を疑いました。メイは退院したその日に、それまでとまったく変わりなく、鼻でターゲット棒をつんとタッチして、たっと、木の枝につかまり立ちしてくれたのです。それまでと、同じように！

メイが見せてくれたおなかには、手術のぬいあとが、まだ生なましく残ってい

退院した日のメイ。手術のあと（矢印）がよく見える（写真／京都市動物園）

ました。

(わたしを、わたしを信じてくれているのね……。あんなに痛い目にあわせたわたしを……。メイちゃん、ありがとう。ありがとう、メイちゃん……)

手術のときには出なかった涙が、とめどなく高木さんのほほをつたってこぼれ落ちました。

よくないニュース

春もまっさかりの四月二十五日のことでした。高木さんは、マナブの薬をえさに入れる作業をしていました。

「あらっ? マナブ。あんた、ちょっと太ってきた? そんなことないよね。そんなに食べてないもんね。うーん。なんか、おかしいかもしれない……」

気になった高木さんは、塩田さんにマナブをみてもらいました。

「だいぶ、腹水がたまってしまいましたね。入院させて、ようすを見ましょう」

わたしたちや動物の内臓は、ふくろのような形をした膜でおおわれています。腹膜といい、その中には腹水があります。なんらかの原因で腹水が多くなりすぎると、内臓が圧迫されてしまうのです。

「あぁあ。メイちゃんがもどってきて、ひさしぶりに繁殖棟にみんながそろったのに……。また、入院なのね。マナブのことは、ほかの園にも報告しなくちゃ。よくないニュースを連絡するのは、気が重いわ……」

高木さんは深いため息をつくと、マナブをキャリーケージに入れて病院へ連れていきました。

「マナブ、早く退院してよ。繁殖棟のみんなが待ってるんだから」

五月になりました。メイの赤ちゃんの死やマナブの再入院に続き、さらによくないニュースが飛びこんできました。

（ま、まさか！　そんな……）

ツシマヤマネコを飼育している全国の十の施設では、報告のメールをみなで共有しています。名古屋の東山動植物園でも出産があり、二頭の赤ちゃんが生まれたものの、母ネコがかじって死なせたという、ショッキングな報告でした。

そのニュースを知った高木さんは、言葉をうしないました。

（永尾さんは、無事に産んでさえくれたら心配ないっていってたのに……、そういってたのに……。こんなことが……）

名古屋の母ネコは、メイと姉妹のマユです。福岡から来たゴクウと期待どおりにペアとなり、妊娠し、みなが祈るような気持ちで出産を待っていました。そのマユが……。

（メイちゃんだけじゃなく、マユちゃんも……。永尾さん、河野さん、どんなに悲しんでいるだろう……)

残念なことに二〇一六年は、ツシマヤマネコの赤ちゃん誕生(たんじょう)という、いいニュースはありませんでした。

6　ヤマネコのふるさと、対馬へ

ツシマヤマネコ野生順化ステーション

暑さがきびしい七月の中旬でした。この日、高木さんと長尾係長は、「ツシマヤマネコ飼育下繁殖推進会議」に出席するため、ヤマネコたちのふるさと、対馬に向かいました。

今回、この会議が対馬で開かれたのには、特別な理由がありました。

「こんにちは」

「おひさしぶりです」

福岡空港には、高木さんたちと顔見知りのヤマネコ関係者が、続ぞくと集まってきます。同じ飛行機で、対馬に移動しました。

対馬空港に着くと、マイクロバスが待っています。はじめて対馬に来た高木さんはおどろきました。

「うわー。空港には〝対馬やまねこ空港〟と書かれたパネルがある！　バスにもヤマネコが描かれている！」

高木さんの目に、次つぎと「ヤマネコ」が飛びこんできました。空港の駐車場には、「ようこそ山猫ラ

対馬で見かけたヤマネコの絵。空港の駐車場にある大きな看板。トンネルの入り口。消防団の倉庫のシャッター。バスの車体（写真／著者、京都市動物園）

ンドへ」と書いてある大きな看板。町の消防団の倉庫のシャッターにも、ヤマネコが描かれています。

(対馬の人たちは、こんなにもヤマネコのことを大切にしているんだ)

くねくねと左右に曲がり、のぼったり、くだったりする信号のない坂道を、バスは走りつづけました。

まず、バスが着いた先は、二〇一五年にできた「ツシマヤマネコ野生順化ステーション」です。このステーションや空港がある下島では、ヤマネコがほとんど見られなくなっています。高木さんたちが動物園でふやしていくヤマネコは、野生で暮らす訓練を受けたあと、この下島の自然の中に放される計画です。その訓練のために、環境省がつくった施設です。

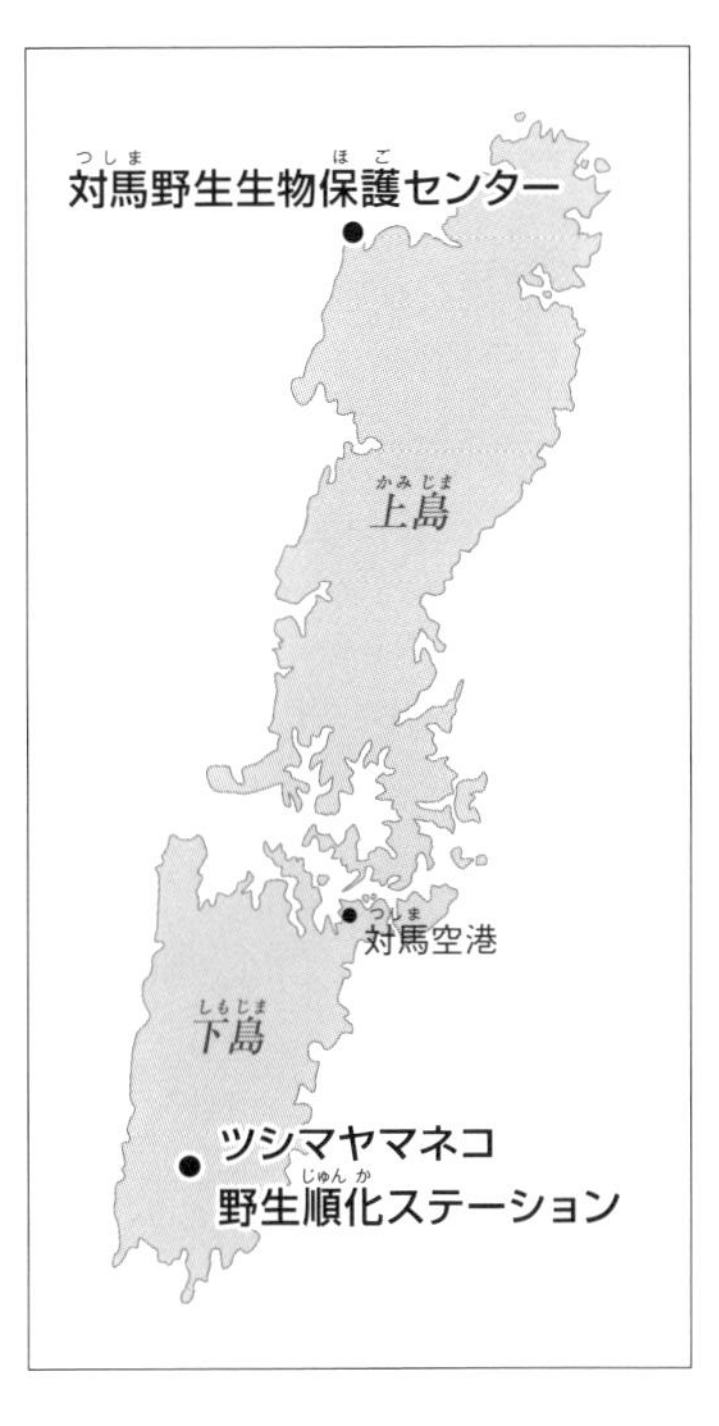

全国のヤマネコ関係者にこの施設を見せることが、今回の会議を対馬で開いた理由です。出迎えた自然保護官たちの案内で、高木さんたちは施設を見学しました。

総面積約七ヘクタール、東京ドーム約一・五倍の広さをもつステーションには六つの「野生順化ケージ」、スタッフが使う調査研究棟、治療や入院もできる一時収容棟などがあります。

「ごらんのように
ここは、対馬の自然をできるだけそのまま残していま す。そのケージの中で、野生でも生きていけるトレーニングをおこなうのです」

説明のとおり、ケージの中は森林や草地、岩場、池もありました。第二ケージには、ネズミを狩る練習をする「ハンティングエリア」もありました。

自然保護官は続けます。

「ここにはまだ、ヤマネコは一頭もいません。一日も早く、ここで訓練をはじめたいと強く願っています」

（わたしたちが動物園で誕生させたヤマネコは、ここで訓練を

第二ケージにあるハンティングエリア
（写真／著者）

野生順化ステーションがつくられた下島の山地。森の中にケージ（矢印）が見える
（写真／くもん出版）

するのね。こんどこそ、なんとしてでも子どもを誕生させないと!)

高木さんは決意をあらたにしました。

対馬の人たちのヤマネコ保護活動

しかし、どれだけ高木さんたちがツシマヤマネコを動物園でふやし、順化ステーションでの訓練をへて、対馬の自然に放しても、人とヤマネコがともに暮らしていくためには、地元、対馬の人たちの関心や意識を高めていく必要があります。

そのことに最初に気づいたのが、一九九二年に設立された「NPO法人ツシマヤマネコを守る会」でした。

ニホンカワウソは一九七九年を最後に姿が見られなくなり、二〇一二年に環境省の「レッドデータブック」で絶滅とされた動物です。対馬にも生息していましたが、カワウソを目撃した人が「いた!」といくらいっても、毛皮や写真などの証拠がなくては、動物学者は信じてくれません。

「カワウソの次はヤマネコがあぶない。ヤマネコがいる証拠となる、写真を撮っておかなくては」

「ツシマヤマネコを守る会」の山村辰美会長（写真／著者）

そうして会長の山村辰美さんは、撮影がむずかしいヤマネコの写真を撮りつづけました。写した写真を空港や市役所など、島内のさまざまな場所に飾って、ヤマネコを見たことがない対馬の人たちにヤマネコの存在を知らせてきました。

ネズミなどの、ヤマネコのえさとなる小動物をふやす活動もしています。二〇〇三年からは、上県町飼所にある土地を耕してソバやダイズをつくっています。その実を収穫せずに残しておくと、実を食べに野ネズミや鳥がやってきて、それらがヤマネコのえさとなるのです。

現在は、保護区をつくることに力を注いでいます。ヤマネコたちが暮らす土地が開発されてしまっては、守ることができないからです。環境保護団体や企業、一般の人たちなどから寄付を集めて土地を買い、ヤマネコたちが安心して暮らせるようにしようとしています。

交通事故がヤマネコの死因第一位だということは、すでに話

上島にある保護区の森（写真／著者）

しました。対馬野生生物保護センターでは、対馬市民のボランティア団体である「ツシマヤマネコ応援団」といっしょに、「ヤマネコ型看板」をつくって道路わきに立て、運転手に注意をよびかけています。ヤマネコの交通事故があった現場に近い小学校と中学校では、子どもたちが、車のライトで光って見える看板の色ぬりを手伝いました。

ある事故現場では、道路の下にある水路の出入り口でヤマネコのふんが見つかりました。ヤマネコは、水路を通路として利用していたのです。

ところが事故が起きたときは、水路の出入り口が土砂でふさがっていたので、道路をわたったのでしょう。そこで、「ツシマヤマネコ応援団」などが水路をそうじしています。

また、水路の水位が高くなっても通れるようにとつくられたのが、ヤマネコ専用の道、「ネコ走り」です。このようにして、対馬の人たちはヤマネコを交

ヤマネコ型看板。裏には、つくった学校名が書かれている（写真／著者）

通事故から守る努力をしています。

対馬ではヤマネコのことを「とらやま」とか「田ネコ」とよんでいます。山にいる〝とら毛〟の動物だから「とらやま」、田んぼでよく見かけるから田ネコです。ヤマネコたちが田んぼに行くのは、えさが豊富だし、子育てのときには野犬などの敵から身をかくすことができるからです。

ところが、農薬が大量にまかれるようになってから、田んぼにいたネズミ、モグラ、カエル、魚、昆虫など、ヤマネコのえさになる生きものたちが減ってしまいました。そこで、ヤマネコのえさとなる生きものがたくさんいる田んぼをつくろうと、農薬を減らした稲作を二〇〇九年から続けているのが、「佐護ヤマネコ稲作研究会」です。

山地が約九割という対馬の中で、田んぼに適した数少ない地域が佐護地区です。農薬を減らすだけでなく、冬にも水をはる「冬水田んぼ」をしているおかげで、田んぼの生きものたちがふえてきました。それは、ヤマネコのえさがふえたということです。

道路下の水路につくられたヤマネコのための通路、「ネコ走り」
（写真／環境省対馬野生生物保護センター）

この田んぼでつくられるヤマネコにも人にもやさしい「佐護ツシマヤマネコ米」は、全国のヤマネコファンからたくさんの注文があります。売り上げの一部がツシマヤマネコの保護活動に役立てられていて、おいしいお米を食べるだけでヤマネコを応援できるからです。

対馬での見学と会議を終えて京都にもどった高木さんは、メイ、キイチ、マナブにいいました。

「わたし、あなたたちのふるさとを見てきたよ。わたしはいつか、あなたたちの子どもが対馬の自然の中で生きている姿を見たいの！　いっしょにがんばろうね！」

パッケージにかわいいヤマネコが描かれた「佐護ツシマヤマネコ米」
（写真／著者）

7 新しい命

グラウンドでの記念写真

暑さが苦手なヤマネコたちが待ちのぞんでいた、すずしい秋になりました。十一月にはマナブが、四か月ぶりに繁殖棟へもどってきました。

「やっぱ、きみがいないと、繁殖棟のみんなもさびしいんだよなーっ」

高木さんは、ひさしぶりに繁殖棟に三頭がそろって、いつになくうれしく思いました。

「じゃあ、塩ちゃん。やってみようか」

この日のメイのトレーニングは、塩田獣医師がおこないました。メイがじっとしているときに、すばやくおなかをさわります。そして、塩田さんはクリッカーを指で押し、カチッと音を鳴らしてから、トングでえさをあたえました。ホイッスルではなくクリッカーの音でも、メイはちゃんと理解しているのです。

「おっ、塩ちゃん、進歩したねぇ。メイちゃんのおなかにさわれるなんて、なかなかのものよ」

高木さんにからかわれた塩田さんは、にっこりとほほえみました。

ハズバンダリートレーニングでは、このように、ひとつのことができるようになると、ほかの人やちがう音でもできるようにトレーニングをくりかえします。やがて、いつ、だれがやっても、ふつうにできるようになって、ようやく、次のステップへと進めるのです。

　ところが、三頭がそろう日々は、たったひと月で終わってしまいました。

「マナブ、どうしたの？　あらぁ、寒いんだ」

　十二月に入るとマナブは、少し冷えるだけでブルブルとふるえだしました。寒さには強いはずなのに、たえられなくなってしまったのです。園内の病院の病室は冷暖房がきいていますが、繁殖棟のグラウンドは屋外です。

「寒さの本番はこれからというのに。これくらいでもだめということは……。もしかすると、もう……」

　高木さんの心配をよそに、マナブはぴょんと、グラウン

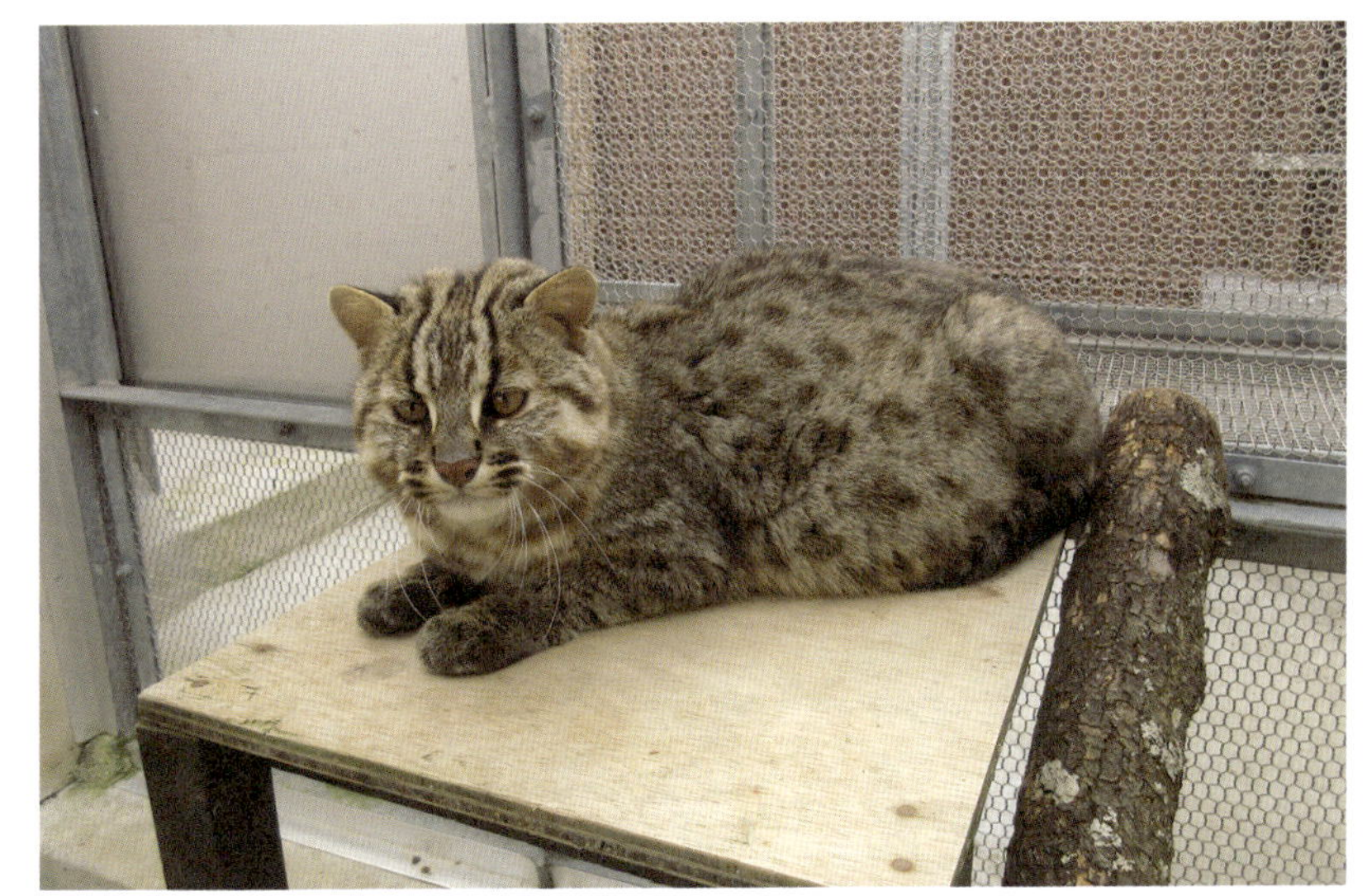

マナブをグラウンドで写した最後の写真（写真／京都市動物園）

ドの机の上にのりました。

「あっ、そうだ！」

高木さんはいつも携帯しているカメラを、いそいでかまえました。

「マナブ。記念写真、撮っておこうね！」

マナブがグラウンドですごしていたことを、写真で記録することにしました。

「決まってるよ、マナブ！　そのまま、そのまま」

カシャッ、カシャッ。マナブはいい顔で、カメラに収まりました。

十二月六日。マナブは繁殖棟からまた、病院の病室へもどっていきました。

わざと会わせない作戦

二〇一六年も押しせまり、またヤマネコの繁殖期がはじまろうとしていました。なんとしても、今シーズンは赤ちゃんを誕生させるんだ！　高木さんは強い気持ちでいました。

「キイチ、ひさしぶりに初恋の相手のところへ行かせてあげる。うれしいでしょ」

高木さんは、キャットウォークにキイチを放ちました。いよいよ、お見合いのはじまりです。

（きょうも、メイちゃんとキイチはなかよくすごしている。問題ないわ。キイチがメスに関心があるのか、交尾できるのか……、そんなことを心配していた去年とはおおちがいね。今年も交尾はだいじょう

ぶみたい）

ところがメイに強い発情がこないまま、あっというまに、ひと月半がすぎてしまいました。

（わからない。どうなっているのか、まったくわからない……。もう、ヤマネコたちにまかせるしかないわ）

発情のピークは二月といわれているのに、すでに二月十一日です。一年前、メイとキイチは二月二日に最初の交尾をしているのに……。

繁殖期に発情がくるのは、メスだけです。ローリングやコーリングで発情していることがわかっても、交尾にいたるほどの強さかどうかは、オスの行動を見て確認するしかありません。高木さんは胸からさげたホイッスルをぎゅっと強くにぎりしめながら、キイチのようすを見つめていました。

キャットウォークのキイチは、メイの部屋の出入り口が見える場所に居すわったままじっとして動かず、ただひたすらメイが出てくるのを待っています。高木さんがえさでさそっても、そこから離れようとしません。

（キイチには、強い反応があるのよ……）

ということは、メイに発情がきていると考えるほかありません。

高木さんはひたすら、二頭を同居させました。攻撃の危険をともなうことを続けたのは、ずっと観察しつづけた高木さんに、「まぁ、この二頭にかぎってはないだろう」という自信に近いものがあったからです。ところが、いざ同居させると、交尾につながる行動がまったく見られないのです。

(このままじゃ、繁殖期が終わってしまうわ。どうしよう……。そうだ！　あれを試してみるのもいいかもしれない)

高木さんは長尾係長と相談して、「わざと会わせない作戦」を実行することにしました。

メイとキイチは、一年前よりもたくさん同居させられて、ずいぶんと長い時間をいっしょにすごしてきました。そこで高木さんは、わざと会えないようにすることで、おたがいの〝恋心〟を強くさせる作戦をとったのです。

四日間、お見合いは中止し、まったく会えなくしました。

そして、五日ぶりに同居させた二月十六日。まさかの事件が起きてしまいました。

(あっ、あぶない！)

モニターを見ていた高木さんは、口よりも早く行動を起こしていました。それを見て、ほかの飼育員も、ダッと走りだしました。

キイチがいきなり、メイを攻撃したのです。すぐさま、メイはおなかを見せて〝服従〟のポーズをとりました。自分の弱い部分を見せることで、反撃の意思がないことをキイチに伝えたのです。

ふつうなら、それで終わります。ところがキイチは、それでも攻撃をやめようとしません。デッキブラシを持った高木さんがグラウンドにあらわれると、キイチはようやく、ぱっとメイから離れました。

「メイ、なにしてるの！　早く、早くにげるの！」

メイは自分の身に起こったことがまだよく整理できていないのか、その場でかたまっていました。ブラシで軽くつつくと、はっと、われにかえったメイは、となりのグラウンドににげました。それを見て、もうひとりの飼育員がグラウンドのあいだのとびらを閉めたのです。

攻撃的になったキイチ（左）と、おびえているメイ（写真／京都市動物園）

とても短く、しかも軽い攻撃でした。しかし、

（まさか、キイチが攻撃するなんて！　でも、よかった。メイが無事だった。これですんでよかった……）

と高木さんは、デッキブラシを持ったまま、おどろきとほっとした気持ち、それに後悔とで、頭の中がぐちゃぐちゃになりました。

（わたし、キイチの気持ちがまったくわかってなかった。メイちゃんが恋しくて、恋しくてたまらなかったキイチの気持ちが……。わたしの作戦ミスだわ）

「メイちゃん、こわかっただろうね。ごめんね。あっ、それよりも体が……」

高木さんはメイが落ちつくのを待って、体を注意深く観察しました。

「血は出てないわ。きずもないみたい」

高木さんはほっと、胸をなでおろしました。しかし、まだ、やらなくてはいけないことが残っていました。確認すべきことがあったのです。

「メイちゃんお願い。キイチのこと、きらいにならないで」

高木さんは祈るような気持ちで、メイをキャットウォークに放ってみました。

するとメイは、タッ、タッ、タと歩いて、キイチのグラウンドまで行ったのです。メイがあらわれると、キイチもうれしそうにしています。

「ふうーっ！　よかったぁ。このままメイが、キイチのことぎらいになってしまったら、もう、同居ができなくなるところだった。よかったー」

高木さんはもう一度、ほっと胸をなでおろしたのでした。

マナブとの約束

二月も、残り少なくなっていました。その後もお見合いを続け、キイチの攻撃から三日後の二月十九日には同居も再開しました。

翌日の二十日。高木さんは、メイのトレーニングをしていました。

メイがターゲット棒に鼻をつけようと、たっと、つかまり立ちします。なんと、メイがつかまっているのは高木さんのひざです。もう、そこまでできるようになっていたのです。高木さんはすばやくメイの背中をさわって、体のチェックをしました。

（背中は問題ないわ。じゃあ、次はおなかね。いくわよ。はいっ）

メイはまた、高木さんのひざでつかまり立ちをしました。

（そのままじっとしてて。おなかは……、えっ？　これはなに⁉）

ピッ。高木さんはトングでえさをあたえると、もう一度、いそいでおなかをさわりました。

「ある！　やっぱりある。これは、たいへんだわ！　なに？　この、しこりのようなものは！　もし、内臓になにか悪いものができていたらどうしよう。みてもらわないと」

高木さんはメイを園内の病院へと運びました。

「わかる？　おなかにしこりみたいなのがあるでしょ！」

この日担当のサブの獣医師はメイのおなかの毛をかきわけながら、くわしく調べはじめました。

しばらくして、獣医師はこういいました。

「高木さん、これは内臓の病気じゃありません。きずですよ。つめでひっかかれたきずがふくらんだものだと思います」

「よかった！　えっ？　じゃあ、あの攻撃のときのきずじゃない……」

高木さんはよかったと思うと同時に、自分の作戦ミスでメイにきずを負わせたことを、またくやみました。

「とにかく、しばらく入院させて治しましょう。きずから菌が入る可能性もあるので、大事をとりましょう」

「えーっ、入院？　いま、繁殖期の大事な……。わかった。そうしよう。そうだよね。そうしないといけないよね。あぁあ、メイちゃんが入院かぁー。こんな大事なときに、わたし、なにやってるんだろう」

高木さんはそういって治療室から出ると、入院しているマナブに会いにいきました。

「マナブ、メイちゃんが来たよ。しばらく、ここにいるって。よかったね。でも、別べつの部屋だから会えないわね」

　さいわい、メイのきずはたいしたことなく、一週間の入院ですみました。

　メイが退院する、二月二十七日。

「マナブ、えさ食べられる？　食べてくれないと薬も入れられないのよ。まずは、食欲をもどすことを優先しなくちゃ。きょうは、薬なしのマウスにしようね」

　高木さんは、マナブがいちばん好きなマウスをあたえました。するとマナブは、おいしそうに食べはじめました。

「よかった、食べてくれて。安心したわ」

　高木さんはマナブにえさをやり終えると、メイをキャリーケージに入れて、ふたたびマナブのもとへとやってきました。

「マナブ、メイちゃんだよ。いっしょに砂の上でごろごろしたり、同じ机の上にのったりしたの、覚えてる？　メイちゃんはいまから退院するの。わたし、あしたは休みだから、あさって来るからね」

　そのときはまだ、高木さんもメイも、これがマナブとの永遠の別れになるとは思ってもいませんでした。

次の日でした。正午すぎにマナブは、急に元気がなくなり、ハァハァと浅くて速い呼吸をくりかえすようになりました。

「高木さん、マナブのようすがおかしいです」

休みの日で、家にいた高木さんにメールが届きました。いそいで動物園に行こうと準備をしているそのときに、長尾さんから電話がありました。

「高木……。マナブ、だめだった……」

獣医師やスタッフたちは、酸素吸入などの懸命の治療をほどこしましたが、そのかいもなく、マナブはすっと旅立ってしまったのです。

マナブは、動物園で生まれ、育ったオスとメスからはじめて生まれたヤマネコでした。二十年にもおよぶツシマヤマネコの飼育の歴史の中でも、特別な一頭だったマナブは、命のバトンをつなげられないまま旅立ってしまいました。

京都市動物園の中に設けられた祭壇。マナブの死をおしむ手紙や花束が届けられた

（写真／京都市動物園）

　数日後、新聞の記事でマナブの死を知った小学生が動物園を訪ねてきて、高木さんに直接、手紙をわたしてくれました。そこには、次のように書かれていました。

「マナブが心臓の病気でなくなりましたが、マナブは高木さんに飼育してもらってうれしかったと思います。高木さんが毎日、やさしく愛情をもって飼育してくれたことがいちばんうれしかったと思います。これからもヤマネコを、やさしく愛情をもって育ててください。そして繁殖に成功してください。応援しています」

　その夜、高木さんは夜空を見ながら天国にいるマナブにちかいました。

「マナブ。わたし、かならず赤ちゃんを誕生させて、対馬に放すから！　あなたが走れなかった、対馬を走らせてみせるから！　天国から見ててね」

　シャー
　と、マナブのほえる声が聞こえた気がしました。

あらたな作戦

　繁殖期も、そろそろ終わりに近づいています。このままでは、交尾しないまま終わってしまいます。

　高木さんは悩んだすえに、あらたな作戦を考えて、長尾さんに相談しました。

「たとえ交尾にいたらなくても、やれることは全部しておきたいんです。後悔したくないんです。やらせてください」

「なるほど。薄明薄暮なら、可能性が高くなるかもしれないな」

野生のヤマネコは夜行性の動物で、なかでも明け方（薄明）と日没直後の夕方（薄暮）に、活発に行動します。だから昼間だけでなく、夕方にも同居させれば交尾するのではないかと、高木さんは考えたのです。

ただ、問題がありました。夕方からの同居となれば、ほかの飼育員や獣医師たちの仕事の時間も夜まで延長しなくてはいけない、ということです。

「もちろん、だいじょうぶです。いまをのがすと、また、一年も待たなくてはいけないのでしょう。やれることは、すべてやりましょう！」

だれもが、なんとしてもヤマネコの赤ちゃんを誕生させたいと強く願い、協力をおしみませんでした。

三月一日から毎日、夕方以降も同居をさせました。しかし三月五日までは、とくに変わったことはありませんでした。

三月六日。

（あっ！　これって、交尾の前の行動じゃないの？）

高木さんは、詰所にあるモニターを見ながら心の中でいいました。

（まちがいない！　交尾するわ！　ほら、キイチがっ！）

するといきなり、メイとキイチが交尾をしたのです。

（やったわ！　やっと……、やっと交尾してくれた。ふーっ……）

高木さんはうれしさよりも、ほっとした気持ちがまさっていました。

「高木さん、やりましたね！」

「よかった！　ほんとうによかった！」

塩田さんやサブの飼育員もかけつけてきて、高木さんとかたい握手をしました。

「ありがとう！　ありがとう！　もう、それにしても突然なんだから」

高木さんは、涙声でいいました。

今シーズンは交尾まではかんたんにいくだろうと高をくくっていたのに、交尾しなくてあせった日々。まさかの攻撃を目のあたりにして、作戦ミスをくいた日々。そして天国へと旅立っ

ようやく交尾したキイチとメイ（写真／京都市動物園）

たマナブことが、ぐるぐると頭の中をかけめぐりました。

　この日、メイとキイチはその後も交尾をくりかえし、七日と八日も交尾をしました。

（永尾さん、やっと交尾しました！　なんとか、第一段階、クリアです！）


　さくらも散った四月の中旬でした。

「高木さん。います！　ちゃんといますよ、赤ちゃん！」

　この日、塩田さんは、超音波でおなかの中を調べる機械を使って赤ちゃんを確認しました。

「やった！　よかった！」

　妊娠しているだろうと信じてはいたものの、検査ではじめて確認されて、高木さんたちはみな安心しました。その後、ふんにふくまれるホルモンなどからも、妊娠が確認されました。

　メイの出産予定日は、五月十日。

「メイちゃん、今年こそ、自然分娩で産むのよ。そのためには、たくさん運動しなくちゃいけないわ。赤ちゃんの発育のためにも、たくさん食べないと」

　前の年にメイは、おなかを開いています。体に負担がかかる帝王切開を、今年もすることは、なんとしてもさけたいもの。高木さんは、どうすれば自然分娩で生まれるかを、知り合いの動物病院の先生にたずねると、「運動量をふやしなさい」と教えてくれました。ところが、運動をふやしすぎると、赤ちゃんに栄養がいかなくなってしまいます。運動を多くしながら、体重もふえるような計画を立てました。

あとは無事に赤ちゃんが生まれることを、ただただ、祈るばかりです。

進む出産準備

高木さんたちは、メイの出産のために会議を重ねていました。あるとき塩田さんが、

「自然分娩に向けて、みんな、がんばってくれています。でも、もしものことを考えるのが、獣医師の務め。今回も、帝王切開をする可能性があります。メイの命を守るためにも、獣医師会に協力を求めたいと思います」

と、いいました。

獣医師会に協力を求めるとは、町の動物病院の先生の力を借りるということです。どうしてなのでしょう？

帝王切開をするなら、麻酔が必要です。赤ちゃんを産もうとして、へとへとにつかれきっているメイに麻酔をかけると、万が一のことが起こる危険があります。そこで、麻酔にかかわることは日ごろからメイをくわしくみている動物園の獣医師が受けもち、赤ちゃんを取りだす手術はイヌやネコの手術に関して豊富な経験がある、町の動物病院の先生たちに担当してもらおうと提案したのです。

塩田さんの提案に、みんなが賛成しました。京都市獣医師会にお願いしたところ、会長の森尚志先生

から、「じゃあ、ぼくの病院が協力しよう」と快い返事がありました。

さらに、五月八日からは飼育員と獣医師が泊まりこんで、二十四時間体制でメイの出産を見守ることも決まりました。高木さんは二十年以上動物園で働いていますが、泊まりこみははじめてです。

メイの出産予定日が迫ってきた五月一日のこと。森先生たちが動物園を訪ねてきて、手術室の下見と打ち合わせをしました。

「森先生。陣痛がはじまったら、すぐに連絡しますので、こちらに向かってください。自然分娩できないと判断したら、帝王切開をします。そのときは、どうぞよろしくお願いします」

塩田さんが、そういいました。

「わかりました。そのつもりで、こちらも待機します」

五月六日にはメイのおなかの毛が刈られました。メイのおなかのレントゲン画像も撮りました。赤ちゃんが何頭いるのか？　どれくらいの大きさになっているのか？　それをしっかりと確認するためです。

頭数がわかっていると、出産が終了したかどうかを正しく判断できます。動物園で飼育されているヤマネコはふつう二頭、最近では三頭生まれることも多くなってきました。飼育技術が向上し、えさの研究が進んだからです。赤ちゃんが大きすぎると、難産になるかもしれないと、あらかじめわかります。

高木さんと長尾さん、サブの飼育員で、レントゲン画像ができあがるのを静かに待っていました。

「長尾係長、メイちゃんの体重が、思ったほどふえなかったんです。だから、一頭だと思います」

「ああ、一頭だけというのもけっこうあるからな」

「できれば、二頭いてほしいですね」

できたレントゲン画像を見て、塩田さんは笑顔で三人に伝えました。

「二頭いますね」

「よっしゃー！」

「やった！」

「おっし！」

高木さんたちは、大きな歓声をあげてよろこびました。希少なヤマネコです。一頭でも多くの赤ちゃんが生まれてくれるのに越したことはありません。高木さんは、レントゲン画像をしっかりと確認しました。

「ほんとだ。二頭いる！　よかった！　体重がふえないから心配してたのよ。お願い、自然分娩で産んでよ！」

高木さんは、キャリーケージに入っているメイと、おなかの赤ちゃんにそういいました。

ついにお母さんになる！

五月八日、いよいよ二十四時間体制(たいせい)の見守りがはじまりました。夜は、三人で監視(かんし)します。ふたりでモニターを二時間見ているあいだ、残りのひとりが仮眠(かみん)をとるパターンを、交代しながら朝までおこないます。

八日も、九日もメイに変化はありませんでした。そして、出産予定日の五月十日になりました。ところが、十日の昼も夜も、メイはふだんのままだったのです。

五月十一日の朝。

「それじゃあ、たのむわね。なにかあったら、すぐに知らせてよ」

泊(と)まりこみを終えた次の日は、お休みです。朝までモニターを見ていた高木(たかぎ)さんが家に帰ろうとしたときのこと。

「高木さん、おつかれさまでした。でも、ジンクスがありますからね」

「そうそう。去年もそうだったわね。わたしが休みだと産むのよ。きょうあたり、産むんじゃないかな」

そんな冗談(じょうだん)をいいながら、高木さんは明るく笑いました。

やはり、ジンクスは現実となりました。

五月十一日の午後三時二十七分。いよいよ、メイは産箱に入ったのです。ところが、しばらくすると、外に出てきました。それでも、高木さんに報告しました。

「ほーら、休みの日だ！　わかった。すぐ行くわ」

塩田さんは、もしものときに備えて手術の準備を整え、人工保育のための保育器の電源も入れました。

五時十五分。メイはふたたび、産箱に入りました。ときおり、弱い陣痛がたしかめられましたが、まだ産みそうにありません。

（メイ、あなたのおなかを切るのは、もうイヤっ。自然分娩で産んで！　わたしたち、いっしょに準備してきたじゃない。がんばるのよ！）

六時二分。やっと、メイに強い陣痛がきましたが、それでも産みません。

塩田さんは、森先生がいるダクタリ動物病院に電話を入れました。

「わかりました。すぐに向かいます」

森先生ともうひとりの先生、そして看護師が車で出発しました。

七時すぎ、到着した森先生と塩田さんは話しあって、結論を出しました。

「これ以上は危険です。帝王切開をします。それぞれ、準備に取りかかってください」

できれば自然分娩で産んでほしい！　それは高木さんだけでなく、全員の思いでした。でも、メイと赤ちゃんをこれ以上、危険な目にあわすわけにはいきません。手術がおくれればおくれるほど、赤ちゃんが死んでしまう可能性が高くなってしまうのです。メイのことも心配です。

高木さんたちはメイの部屋に入り、産箱からメイを出して、網でつかまえました。キャリーケージに入れると、速足で病院へと向かいます。

「メイ、がんばるのよ！　おなかの赤ちゃんも！」

高木さん、長尾さん、サブの飼育員の三人の次の役目は、メイを押さえることです。塩田さんが、メイに麻酔をしました。

「手術、はじめます」

森先生たちの手術はおどろくほど速く、そして正確でした。五分もたたないうちに、十五センチほどのオスとメスの赤ちゃんを取りあげました。

看護師が赤ちゃんをタオルでふき、森先生にわたします。先生は赤ちゃんを両手に持ったまま、びゅっびゅっと強くふり、口から羊水をはきださせました。

ギャー　ギャー
(わっ！　鳴いた！　あぁ、これが、ふつうなんだ！)

一年前には聞けなかった赤ちゃんの鳴き声に、手術室にいたみんなの顔が、思わず笑顔になりました。

けれども、もう一頭の鳴き声が聞こえません。取りあげてから十分ほどたっています。このメスの赤ちゃんは危険な状態でした。心からよろこぶにはまだ、早そうです。

塩田さんは、細いチューブを赤ちゃんの鼻や口に入れて、羊水を吸いだしました。そして、薬をあたえたりもしました。

「ううん？　鳴かないのか？　かしてみなさい」

メイのおなかを閉じる作業をしていた森先生が赤ちゃんを受けとると、こんどは手で、赤ちゃんの体をしゅっしゅっと強くこすりました。すると、

ギャー　ギャー

と、もう一頭の赤ちゃんも鳴きました。

「やった！　助かった！」

手術室に大きな歓声がわきあがりました。

「先生、ありがとうございます！」

「塩ちゃん、ありがとう！」

高木さんは、森先生たちと塩田さんたちの見事な仕事ぶりに感激しました。

手術は無事に終わりました。メイはまだ、麻酔からはっきりと覚めていません。それでも森先生は、

赤ちゃんにメイのお乳を飲ませます。

「さぁ、おっぱいだよ」

先生が赤ちゃんを、メイのおなかの前にそっとおろします。すると、目も見えていないのに、赤ちゃんたちは乳首をちゃんと探しあて、力強く、ジュッジュッと音を立てて飲みはじめました。

お母さんの最初のお乳には、赤ちゃんにとって必要な、大切なものがたくさん入っています。だから、初乳だけはかならず飲ませなければいけません。

「メイちゃん、えらい。よくやったわ。お母さんになったのよ！」

二頭の赤ちゃんは、ときおり鳴き声をあげながら保育器の中でよくねむっています。その寝顔を見ながら、高木さんは心の中でいい

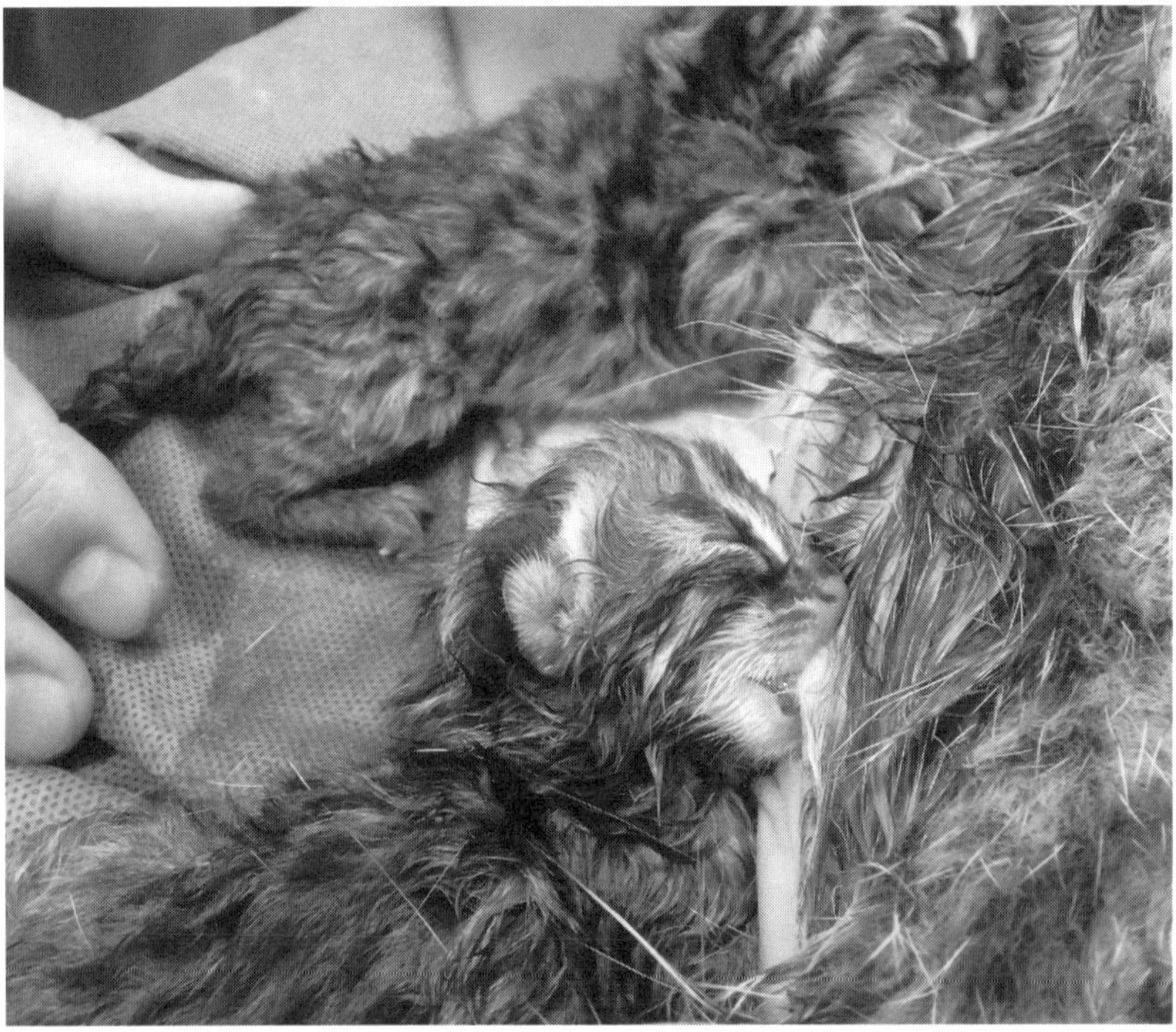

メイのおっぱいを飲む、生まれたばかりの赤ちゃん（写真／京都市動物園）

ました。

（永尾さん、ついに、ついにやりました！　赤ちゃんが、生まれました！　マナブ、やったよ！　あなたとの約束、ひとつ、はたしたからね！）

最初の四日間は一日に三回メイのおっぱいとミルクを、五日目からはミルクだけを飲ませました。

二〇一七年は、第一拠点の福岡市動物園、九十九島動植物園、第二拠点の京都市動物園、東山動植物園のすべてで、出産がありました。ただ、残念なことに、無事に育っているのは福岡の一頭と京都の二頭の計三頭だけです。

メイが産んだ子ネコたちは、メイやマナブがそうだったように、いずれ子ネコのうちにほかの園へと移動することでしょう。もしかすると、対馬のツシマヤマネコ野生順化ステーションに行くかもしれません。

高木さんたちと同じような懸命の努力が、全国のヤマネコ飼育施設で毎日、くりひろげられています。

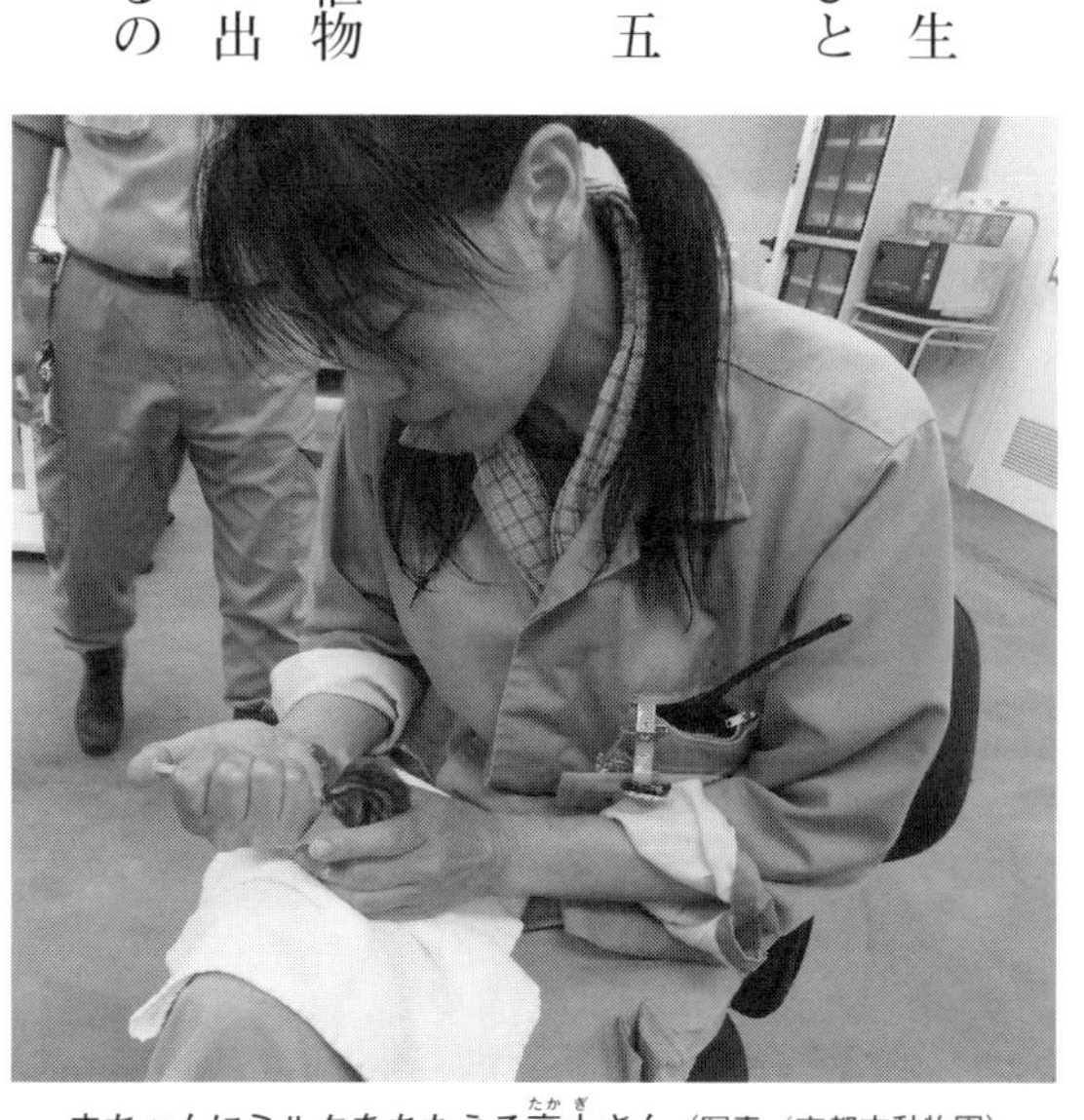

赤ちゃんにミルクをあたえる高木さん（写真／京都市動物園）

いつか、動物園で生まれたツシマヤマネコが、対馬をかける日が来ることをかたく信じて必死にがんばっている飼育員や獣医師がいることを覚えておいてください。

高木さんはホイッスルを首にかけ、大きな声でいいました。

「さあ、メイちゃん、キイチ、きょうもトレーニングするわよ！」

メイが産んだオス（右）とメス（写真／京都市動物園）

解説

坂本英房（京都市動物園副園長）

　ツシマヤマネコを絶滅から守るには、ふたつの方法があります。ひとつは、対馬の自然の中で安定して暮らせるように環境を整え、数をふやすなどする「生息域内保全」です。もうひとつは動物園など、対馬以外の安全な施設で育ててふやすなどする「生息域外保全」です。この本ではキム・ファンさんが、京都市動物園などでおこなわれている生息域外保全の取りくみについて書いてくれています。

　対馬では、対馬野生生物保護センターが拠点となって、ヤマネコが暮らしやすい環境づくりがおこなわれています。生息状況や生態の調査・研究、保護されたヤマネコを野生に返すための治療やリハビリ、交通事故防止の取りくみ、自然観察会や学校教育と結びつけた「ヤマネコ教室」などを広める取りくみ、イエネコに感染する病気がヤマネコへ広がらないようにする対策などです。

　また地元ボランティアと協力し、育てたどんぐりの苗を植えて森をつくったり、ヤマネコのエサ場のひとつである田んぼを守ったりするなど、ツシマヤマネコと共生する地域社会づくりも進められています。

　そして、住民が中心となって進める、ヤマネコを守るための活動の輪も広がっています。対馬野生生物保護センターの自然保護官や獣医師をはじめとするスタッフの方がた、対馬市役所の方がた、ツシマヤマネコを守る会の方がた、NPO法人どうぶつたちの病院の獣医師やスタッフの方がた、佐護ヤマネコ稲作研究会の方がた、ヤマネコ応援団の方がた、大学の研究者の方がた……と、多くの人たちがかかわっているのです。


　動物園で働くわたしたちは、公益社団法人日本動物園水族館協会の生物多様性委員会を中心に、九つの動物園が協力して次のことに取りくんでいます。

　ひとつは、動物園生まれのツシマヤマネコをふやすことです。対馬の環境が整い、自然の中で安定して暮らせるようになったときに、野生に返すヤマネコとして対馬に送りだすことが期待されています。また、複数の動物園で飼育するのは、生息地などで災害や感染症などの大きな問題が発生したときに絶滅を防ぐ、ということもあります。

　もうひとつは、ツシマヤマネコがおかれているきびしい現状や、対馬のすばらしい自然環境、絶滅から守るための取りくみなどを、動物園を訪れる人たちに知ってもらうことです。ツシマヤマネコを守るためには、多くの人たちの理解と協力が必要だからです。それには、実際にツシマヤマネコを見て、身近に感じてもらうことがいちばんです。

そこで、この本にも登場するミヤコが二〇一二年に京都市動物園にやってきてから、毎年秋に、やまねこ博覧会を開いています。対馬でさまざまな活動に取りくんでいる方がたにも参加してもらい、講演会や音楽会、人形劇、ワークショップ、スタンプラリーなど、たくさんのイベントをおこなっています。

もし、みなさんもツシマヤマネコに会いたくなったら、盛岡市動物公園、井の頭自然文化園、よこはま動物園ズーラシア、名古屋市東山動植物園、富山市ファミリーパーク、京都市動物園、福岡市動物園、西海国立公園九十九島動植物園森きらら、沖縄こどもの国の全国九つの動物園や、対馬の対馬野生生物保護センターを訪ねてみてください。


京都市動物園で暮らしているツシマヤマネコたちの、その後についてお話ししましょう。

野生のツシマヤマネコは、ほかのネコのなかまと同じように繁殖期、つまり恋の季節以外は一頭ずつで暮らします。だから、キイチとメイは、べつの区画ですごしています。

そしてお母さんだけで子育てしますが、メイは子どもたちといっしょに暮らしていません。それには、わけがあります。動物園では、子どもはお母さんが育てるのがいちばんだと考えています。ところが、お母さんにストレスがかかると、子どもを育てなかったり、最悪の場合殺してしまったりすることがあるのです。

　メイの場合、麻酔をかけて手術で赤ちゃんを取りだしたので、ストレスがかかってしまいました。だから、万が一の場合を考え、わたしたちの手で育てることにしたのです。

　生まれた翌日から飼育員と獣医師が泊まりこみ、交代しながら、最初は三時間ごとにミルクをあげました。泊まりこみは二週間続き、高木直子さんら八人の飼育員と、三人の獣医師が担当しました。

　最初の四日間は、メイにも協力してもらって、一日に三回ほど初乳をあたえました。初乳は、赤ちゃんを産んで

繁殖棟で元気に育つ子ネコたち（写真／京都市動物園）

から数日間の母乳のことです。子ネコたちを病気から守ってくれる、抗体とよばれるタンパク質がたくさんふくまれているのです。

子どもたちは順調に育ち、生まれてから十五日目には立ちあがれるようになり、メスは十日目から、オスは十六日目から目が開きはじめました。最初は動物園の病院内に置いた人間の未熟児用保育器で育てていましたが、二十六日目からは入院室内のケージに移しました。三十二日目からは日光浴ができるようにと、日中は入院室屋外ケージにいました。

生後二十一日目から、ミルクをまぜた離乳食をあたえはじめました。そしてミルクの量を少しずつ減らし、三十六日目にはミルクを飲ませるのをやめました。そして三十九日目からは、食べやすくはしていますが、メイのエサと同じマウスや馬肉、鶏肉などを食べるようになりました。四十五日目からは、キイチやメイがいる繁殖棟で暮らしています。二頭はボールで遊んだり、走ったり、登ったり、転げまわったりと、とにかく元気いっぱいにすごしています。

オスは六十二日目に、メスは六十五日目に体重が一キログラムを超えました。いつもいっしょに遊んだり休んだりしていますが、最近では別べつの場所で寝ることもあります。

この本を読んだみなさんに、ツシマヤマネコのこと、自然環境や野生動物を守り育てること、ツシマヤマネコが対馬で安心して暮らせるようにと願いながらたくさんの人たちががんばっていることに興味をもってもらえたら、わたしはとてもうれしいです。そしてみなさんの中から、絶滅のおそれのある野生動物を守り育てる活動に参加する人が出てきてくれたら、こんなにすばらしいことはありません。

動物園で生まれたツシマヤマネコたちがいつの日か野生復帰し、もともと対馬で生まれ育ったツシマヤマネコとともに暮らす日が来ることを心から願いつつ、動物園のツシマヤマネコたちが幸せにすごせるように心を配りながら、わたしたちはこれからも繁殖に取りくみ続けます。

【参考文献】

『ツシマヤマネコって、知ってる？ —絶滅から救え!! わたしたちにできること』

（太田京子／岩崎書店／二〇一〇年）

『改訂版　ツシマヤマネコ —対馬の森で、野生との共存をめざして』

（ツシマヤマネコＢＯＯＫ編集委員会／長崎新聞社／二〇〇八年）

『約束しよう、キリンのリンリン —いのちを守るハズバンダリー・トレーニング』

（森 由民／フレーベル館／二〇一三年）

「とらやまの森（二〇一四初夏号No.64）」「とらやまの森（二〇一四秋号No.65）」（対馬野生生物保護センター）

「ツシマヤマネコ保護増殖事業実施方針　資料編」（ツシマヤマネコ保護増殖連絡協議会／二〇一二年二月）

朝日新聞「be on Sunday　Wonder in Life」（二〇〇六年二月二十六日）

【取材協力】

環境省
対馬野生生物保護センター
ツシマヤマネコ野生順化ステーション
対馬市
京都市動物園
福岡市動物園
NPO法人ツシマヤマネコを守る会
ツシマヤマネコ応援団
佐護ヤマネコ稲作研究会
一般社団法人MIT
対馬自然写真研究所
NPO法人どうぶつたちの病院
ダクタリ動物病院京都医療センター

著者：キム・ファン
1960年京都市に生まれる。人と生き物の共生をテーマに創作活動に取り組み、日韓で著書多数。2006年に『サクラ－日本から韓国へと渡ったゾウたちの物語』（学研プラス）で、第一回子どものための感動ノンフィクション大賞最優秀作品。紙芝居『カヤネズミのおかあさん』（童心社）で、第54回五山賞受賞。『すばこ』（ほるぷ出版）が、第63回青少年読書感想文全国コンクール課題図書（小学校低学年）。日本児童文学者協会会員。

絵：タカギナオコ
1970年静岡県浜松市生まれ。1993年から京都市動物園で飼育員として勤務。2018年から飼育展示・事業推進係長。

解説：坂本英房（さかもと・ひでふさ）
1960年福岡県福岡市生まれ。京都市動物園長。獣医師、学芸員。

●装丁・デザイン、図版制作
㈱スプーン

本作品は、2017年１月に毎日新聞（大阪本社版）で連載された「ヤマネコ飼育員物語」を、大幅に改変しました。

ツシマヤマネコ飼育員物語
動物園から野生復帰をめざして

2017年10月22日　初版第１刷発行
2021年９月５日　初版第２刷発行

著　者　キム・ファン
発行人　志村直人
発行所　株式会社くもん出版
〒108-8617　東京都港区高輪４-10-18　京急第１ビル13F
電　話　03-6836-0301（代表）
03-6836-0317（編集直通）
03-6836-0305（営業直通）
ホームページアドレス　https://www.kumonshuppan.com/
印　刷　共同印刷株式会社

NDC916・くもん出版・144P・22cm・2017年・ISBN978-4-7743-2689-4

CD34587